心自芬芳 不将不迎

鲁豫给女人的24堂幸福课

六月鸢尾 著

北京联合出版公司
Beijing United Publishing Co.,Ltd.

图书在版编目（CIP）数据

心自芬芳　不将不迎：鲁豫给女人的24堂幸福课/六月鸢尾著. -- 北京：北京联合出版公司，2015.12（2023.1 重印）
ISBN 978-7-5502-6394-9

Ⅰ.①心… Ⅱ.①六… Ⅲ.①女性—修养—通俗读物 Ⅳ.① B825-49

中国版本图书馆 CIP 数据核字 (2015) 第 244338 号

心自芬芳　不将不迎：鲁豫给女人的24堂幸福课

作　　者：六月鸢尾
出 品 人：赵红仕
责任编辑：赵晓秋　王　巍
封面设计：赵银翠

北京联合出版公司出版
（北京市西城区德外大街83号楼9层 100088）
北京新华先锋出版科技有限公司发行
小森印刷霸州有限公司印刷　新华书店经销
字数130千字　620毫米×889毫米　1/16　14印张
2015年12月第1版　2023年1月第3次印刷
ISBN 978-7-5502-6394-9
定价：59.00元

版权所有，侵权必究
未经许可，不得以任何方式复制或抄袭本书部分或全部内容
本书若有质量问题，请与本社图书销售中心联系调换。电话：（010）88876681-8026

目录 / CONTENTS

幸福起航 — 内外兼修的女人最美丽
chapter one

- 第1课　用平和的心态迎接每一天的黎明 / 002
- 第2课　打开心窗，让智慧之光照耀内心 / 012
- 第3课　魅力之貌，尽显女性韵味 / 022
- 第4课　健康的身心，是人生最大的资本 / 035
- 第5课　容颜易逝，优雅不老 / 049

幸福追寻 — 在爱里，我们已然相遇
chapter two

- 第6课　沉浸在爱的港湾 / 060
- 第7课　给亲人多一些关爱 / 068
- 第8课　每一次情感经历都是财富 / 079
- 第9课　不忘本心，历练最美的风景线 / 087
- 第10课　爱情不是全部，友谊却可长存 / 094

幸福绽放

你的与众不同，他人无法效仿

chapter three

第11课　选对自己的舞台 / 104

第12课　女人要有事业心 / 112

第13课　舍得之间，笑对人生得与失 / 118

第14课　口吐莲花，也要适当保持缄默 / 125

第15课　有一种快乐叫拼搏 / 132

第16课　每个人都要有工作中的秘密武器 / 140

幸福奔跑

梦里花开，温暖如昔

chapter four

第17课　倾听梦想照进现实的声音 / 150

第18课　让婚姻经得起细水长流 / 156

第19课　做才女，更要做财女 / 162

第20课　旅行让你与心灵对话 / 173

第21课　在人生中播撒快乐的种子 / 182

第22课　爱，温暖彼此的心 / 193

第23课　保持灵魂的那一抹芳香 / 203

第24课　每个人都能够预约幸福 / 212

CHAPTER ONE

幸福起航／内外兼修的女人最美丽

第1课　用平和的心态迎接每一天的黎明

1. 谨慎做事，低调做人

1992年，还在中国传媒大学外语系就读的鲁豫进入了中央电视台，担任《艺苑风景线》的主持人。这对于初出茅庐的鲁豫来说是个很大的机遇和挑战。两年之后，凭借出色的表现和观众的喜爱，鲁豫获得了"中央电视台最受欢迎的十大节目主持人"称号。除此之外，在此后的主持生涯中，她还荣获了"2000中国电视榜"之年度最佳女主持人，第一届主持人颁奖典礼之最佳专访类节目主持人奖，以及第二届上海大学生电视节"最具亲和力主持人"称号等多项荣誉。

鲁豫的主持之路在外人看来颇为平坦和幸运，在还未毕业之时就进入了国内最著名的电视台工作，这是很多人梦寐以求的，而这样的荣幸被上天赐予了当时年仅22岁的鲁豫。在此后长达二十多年的主持工作中，鲁豫却并未因为自己的成就和运气而沾沾自喜、孤芳自赏，反而愈加具有亲和力，在工作中总是保持着谦逊而谨慎的态度，在私下里也是低调而温和的形象。

然而，在我们的生活中，经常会看到有些女人与别人交谈时言辞傲慢无礼、自命不凡，她们或者家世显赫，或者容貌艳丽，或者自以为学识丰富，而对其他人不屑一顾。面对这样的女人，即使在短时间内周围的人没有表现出厌烦，但时间一长，大家就会对她嗤之以鼻，没有人愿意与她做朋友，更不愿一起工作。谦逊低调的女人无论到哪儿都会赢得大家的喜爱和欢迎，这种谦逊并不意味着低三下四，而低调也不是要你逆来顺受。

谦逊是自信的一种体现

很多时候，一提到谦逊，有些人就会认为那是一种懦弱的表现。谦逊的人常常会被误解为胆小或者没有自信，然而，事实上却恰恰相反，从心理学的角度来分析，谦逊正是人的自信心的外在表现，而这也是对自我的一种认同感。

有一位女作家被邀请参加一场作家笔会。会场上，坐在她身边的是一位匈牙利的年轻作家。

男作家看到旁边的女作家衣着朴素、沉默寡言、态度低调谦虚，不知道她是谁，以为她只是一

心自芬芳　不将不迎

位没有名气而且不入流的作家。

于是，男作家便有了一种居高临下、自以为是的心态。

他问女作家："请问小姐，你是专业作家吗？"

女作家回答："是的，先生。"

男作家又问："那么，你有什么大作发表呢？是否能让我拜读一两部？"

女作家谦虚地回答道："我只是没事写写小说而已，谈不上什么大作。"

此时，男作家更加证明了自己的判断，心中越发瞧不起女作家。

他说："既然你也是写小说的，那么我们算是同行了，我已经出版了339部小说了，不知道你出版了几部？"

女作家平和地回答："我只写了一部。"

男作家更加鄙夷，轻蔑地问道："噢，你只写了一部小说。那么能否告诉我这部小说叫什么名字？"。

"《飘》。"当女作家平静地说出小说名字的时候，那位狂妄的男作家顿时目瞪口呆。

这时他才知道,这位被他看不起的女作家名字叫玛格丽特·米切尔,她的一生只写了一本小说。而直到现在,随着这部经典巨著《飘》被传播到各国,玛格丽特·米切尔的名字已经被世界各地的人们所熟知,而那位自称出版了339部小说的作家的名字,却无从考查,而淹没在时间的长河中了。

与谦逊相反的便是自傲,正如故事中的男作家一样,自傲的人往往会热衷于夸赞自己的优点,而对自己的缺点避而不谈,久而久之便会变得盲目自信而无所顾忌,最终跌倒在自傲的泥潭里。

懂得谦逊的人不是生活的弱者,也不是对任何人、任何事一味地讨好而委曲求全。在低谷时,他们坚强隐忍、积蓄能量;在巅峰时,他们戒骄戒躁、恪守本分。谦逊,让我们专注于脚下的路,不被纷扰的世界迷乱了眼睛,从而能让自己的内心更加强大而充满力量。

在鲁豫的职业生涯中,很少出现负面新闻,除了在她所主持的电视节目中能够看到她的身影以外,我们很少听到她的消息。相比时下一些急功近利、妄想一步登天的人来说,鲁豫显得尤为低调。她从不靠绯闻或者炒作来增加自己的曝光率,也不刻意地制造新闻和噱头来夺取关注,这对一个明星来说尤为难得。或许鲁豫从不认

心自芬芳　不将不迎

为自己是"明星",她只是一个新闻工作者,像其他行业的人一样,主持也只是她的一项工作而已。

所以说,谦逊并不仅仅是一种姿态,更是一个人内在品德和修养的高度表现。真正懂得谦逊的人不会因为自己的博学而骄傲自大,也不会因为身份显赫而目中无人。如鲁豫一般做人,在浮华的娱乐圈,她能做的就是尽自己最大的努力做好观众喜爱的电视节目,仅此而已。

2. 爱我所爱,为平淡的生活增添情趣

鲁豫曾在自传《心相约》一书中提到过一个她烧粥的故事,在鲁豫看来做饭并不单单是为了填饱肚子,而是要在美学范畴达到一种完美的境界。她在书中写道:想一想,在一个白底、绘着浅蓝色小花的精美搪瓷锅里,盛着晶莹饱满的大米和清澈的水,温暖的火苗在锅底轻轻地跳跃着,那是一幅多美的图画啊!沉浸在这样美妙的想象中,我自己也成了画中人。恍惚间,我把米哗啦一下倒进锅里,再加水,点火,自我感觉动作一气呵成,挥洒自如。这行云流水的动作看起来颇有几分架势,然而刚点完火,鲁豫就听见了朋友忧心又无奈的声音:"这么小的锅,你烧粥还是熬药啊?"在朋友的指导下,粥锅又被重新架起,点火慢烧,但最终的结果却是粥

被烧成了米饭，引得朋友们大笑连连。虽然粥烧得并不完美，但这并不妨碍鲁豫在烧粥这件小事上所得到的快乐和她与生俱来的浪漫情怀。

平淡的生活有时候会令我们感到厌倦和疲惫，鲁豫在这种单调中勾勒自己的色彩，有时仅仅为了寻找乐趣，更多的则是为了聆听自己内心的声音。这一切都是随心所想，她跟随着自己的直觉做自己想做的事，从未改变。

许多女士都喜欢鲜花，鲁豫也不例外，她喜欢放松自己的心情，而鲜花能让她感到愉悦，倾听到内心的声音。鲜花可以点缀我们的生活，让每个女人都如盛开的鲜花一般尽情绽放自己的美丽。不妨在你的办公桌上放上一盆花草，每天精心地打理它们的花叶，浇水施肥，看着它们一天天地成长起来，心情也会变得很美好。不论是寒冷的冬天，还是炎热的夏日，那一朵朵盛开的小花、一片片嫩绿的新叶都会成为你身旁的一道风景线，让你在烦闷的工作中感受到大自然的宁静和生机。无论是一片云、还是一棵草，懂得生活的女人会利用一切简单、实用的东西增添生活的乐趣和美感，给普通的生活带来意想不到的惊喜，同时也让身边的人感受到无穷的魅力。这样的女人自然会赢得更多人的喜爱。

德拉多罗·尼尔在其著作《于梦想和工作之间游离》中写道，我深信如果大家都无拘无束地做其所爱、乐其所为，整个世界一定

心自芬芳　不将不迎

会变得更美好、更干净、更健康;所有家庭都能更坚固、更和谐;婚姻与爱情也将更加美满。然而,当大多数人为生计奔波而被迫放下理想与志向之时,我们必将看到社会和谐与凝聚力在持续地下降。

幸福的人们都有一个共通点,那就是他们很少抱怨自己的生活,相反,他们会去寻找、去体会工作上、婚姻中的快乐和喜悦。对于悲观者来说,生活就像断了线的风筝一样,随风飘逝,无依无靠。活着似乎就是在承受痛苦、承受磨难,永无终点。他们只看到了连绵的阴雨,却没有发现雨后新生的春笋正破土而出;他们只看到房间里面阴暗的角落,却不知道打开门窗就能见到外面色彩斑斓的世界。

而对于乐观者来说,生活是多姿多彩的,生活中充满了乐趣。哪怕只是一件小小的事,他们也能从中寻找到乐趣。他们脸上每天都洋溢着最灿烂的笑容,即使是被生活绊倒,也会重新站起来,因为他们始终坚信,生活不可能轻而易举地就把他们打倒。生活为他们提供了那么多乐趣,他们应该努力地去体验快乐,积极面对生活。

人生没有彩排,每个人都可以活出自己的精彩。生活中多一点思索,就会少一点迷茫;多一些淡定,就会少一些烦恼;多一分坦然,就会少一分遗憾。心情变得愉快舒畅,日子就会变得简单幸福,原来最幸福的生活就是平平淡淡中活出精彩。

3. 取舍之间，破茧成蝶

对于很多人来说，大学毕业就能进入中央电视台工作是一件可望而不可即的事情。从1992年到1996年，鲁豫在央视担任主持人。在这四年中，鲁豫从一个初入社会的小女孩成长为受到观众喜爱的主持人，这其中有艰辛、有荣耀、有迷茫，也有欣喜。但渐渐地，鲁豫意识到《艺苑风景线》这个节目似乎并不适合她。

《艺苑风景线》是一档集音乐歌舞、相声小品、名家访谈等为一体的综合性文娱节目。而担任主持人的鲁豫则只需要在前后两个节目之间，面对镜头说几句串场的台词，没有多少可以发挥她个人能力的地方。这样的工作显然不能满足鲁豫那颗热情洋溢的心，当时正值青春年少、激情四射的她需要更大的空间来施展自己的个性和才华。

多年以后，鲁豫在提到当初离开央视的原因时，是这样解释的："我对电视开始认识、熟悉了以后，我一下子发现不能满足。做这个工作对我来说，太简单了。而那个时候，我觉得自己有能力做一些东西，而如果我就长期做这个节目，做下去，未来肯定不是我想要的。"

的确，对于一个刚刚踏上工作岗位的大学生来说，理想和激情

心自芬芳　不将不迎

正充斥着他的思想，但是如果没有机会让他去施展自己的理想和抱负，那将是一件很痛苦的事，鲁豫就是处于这样的压抑和苦闷中。是继续留在央视从事稳定的主持工作，还是去外面闯出一片新天地？在权衡了利弊之后，鲁豫毅然决定离开央视。这样的一种胆识和魄力对当时年仅二十六岁的鲁豫来说是难能可贵的。

在拥有和放弃中做出抉择对很多人来说都是极为困难的，我们大部分人常常周转于得失取舍之间，进退维谷。人的一生会走进一个个十字路口，左右环顾，不知该迈向何处。有的时候，我们身处光明之中，但并不代表这就是我们的未来。我们需要跳出这片光明，才能清楚地看到自己身在何处，该往哪个方向走。但是，很多人都留恋那片光明，所以一直原地不动，待到光明褪去才猛然发现，原来跟自己并肩行走的人已经远远走到了前边，再想追上已是望尘莫及。

身处在选择中的鲁豫或许比常人多了一分智慧、多了一分练达，她所考虑的是长远的目标。她所经历的逆境并不比一般人少，但是她明确自己的目标，不管是得意还是悲伤，她都始终如一，每一个选择的背后都是一番取舍的挣扎。

人生就是由无数个这样的选择题所组成的。我们在选择的时候，只要能够依从心里所想的事情，顺从自己的内心，就是对自己负责。至于选择的结果是否如我们所期许的那样，我们无从知晓，只有听从上天的安排。相信自己的选择，无愧于心就是对自己最大的安慰。

有时候取舍就是如此简单，选择自己一心渴望的，即使最后迎接自己的不是理想的未来，也没有什么可遗憾的。很多人都在寻找幸福，如同那只在玉米地里掰玉米的狗熊一样，看着更大的玉米就扔掉手中的玉米，到头来一无所获。事实上，当你看中一棵玉米的时候，就应该坚信这是最好的，并牢牢握住它，任何时候都不要放手。选择其实很简单，只是我们的欲望永无止境。

很多时候我们都会困惑"选择"本身的终点在哪里。我们一直没想过会有终点，所以一直在左右为难地面对选择。实际上，很多人都会有同样的犹豫，就是永远对自己做出的选择不满意，总觉得会有更美好的在前头，因而失掉了现有的。等到有一天我们发现自己一无所获的时候，才惊觉最好的、最适合自己的已经失去了。那么我们要无止境地纠结下去吗？如此看来，鲁豫所做出的决定不是为了结果，而是为了自己的心的方向。只有心想去的地方，才是我们最终的归宿。这才是选择的智慧。

第 2 课　打开心窗，让智慧之光照耀内心

1. 书籍，开启灵魂的新天地

熟悉鲁豫的人都知道，鲁豫对女作家三毛极为推崇，她曾毫不犹豫地表示对三毛的热爱之情："我真的是非常喜欢三毛。我从没有崇拜过任何人，但对三毛的欣赏大概已接近崇拜。"那么，三毛到底有何种魅力，能让同为女性的鲁豫如此喜爱呢？三毛写过这样的一段话：

> 读书多了，容颜自然改变，许多时候，自己可能以为许多看过的书籍都成了过眼云烟，不复记忆，其实它们仍是潜在的。在气质里、在谈吐上、在胸襟的无涯，当然也可能显露在生活和文字里。

这大概就是鲁豫喜爱三毛的原因。她的容颜、气质和谈吐，她

的每一个文字、每一个动作都尽数体现了一个女人的魅力所在，而这份魅力的来源正是书籍。鲁豫与三毛一样也是个爱读书的女子。书籍可以增添一个人的学识，而知识则是女人智慧与幸福的源泉，鲁豫的知性气质正是得益于此。

鲁豫很喜欢三毛的《撒哈拉的故事》，那是一本可以让她走进三毛内心世界的书。因为这本书，她看到了不同的生活，渴望到世界各地去开阔自己的眼界，过那种精彩、艰苦但又富足的日子。这就是书籍的魅力所在，它拥有改变人们生活的能力，让你找到自身的价值所在。所以，不要把读书当成一种负担、当成一项工作，你要尽量全身心地投入到书籍中去，让它成为生活的一部分。

同鲁豫一样以知性女人著称的杨澜如此告诫现在的年轻女孩：

> 女孩到了二十几岁后，就已经开始慢慢接触社会了，在与别人交往的过程中，谈吐与修养是最能征服别人的。我不相信一个不喜欢看书的女孩子会是充满智慧的。没事的时候，去书店逛逛，认真挑几本可以提升自己的书籍回家阅读，不管是名著，还是理财方面或是励志方面的书，都有值得我们学习的地方。书可以让人们的生活变得丰富，也可以让人们的思想发生改变。阅读一本好书，胜过一个

心自芬芳 不将不迎

优秀的辅导老师。

喜欢看书的女孩，她一定是沉静且有着很好的心态，因为在书籍的海洋里，女孩可以大口地吸收营养。喜欢看书的女孩，她一定是出口成章且优雅知性。认真阅读，可以让心情平静，而且书里暗藏着很大的乐趣。当遇到一本自己感兴趣的书时，心情会是非常愉悦的，而且每一本书里都有着很大的智慧，阅读过的书籍都会是女孩社交的资本，相信没有人会喜欢与一个肤浅的女孩交往。选择了合适的书本，它能够教会你很多道理，并让你学会用一种平和的心态去迎接生活里的痛苦或快乐。

正如杨澜所说，阅读可以提升女人的修养，拓展学识和增加资本，让女人变得更加睿智和通达。高品质的男人都喜欢跟有智慧的女人打交道，因为她们有思想、有内涵、有主见，处理问题时有独特的见解。虽然读书可以启迪智慧、激发能力，但并非所有的书籍都有此功效。有许多书，我们看过之后便忘记了其中的内容，只为了消遣时间而读的书，并不会为我们的思想注入新的活力，这样的书不读也罢。

书籍展现了生命的种种可能，告诉我们真的存在着这样一个世界，那是一个人们在希冀的同时又可以企及的世界。阅读给予我们希望，它为我们打开了一扇通往未知世界的大门。那么，什么书才值得我们静下心来仔细阅读呢？经久不衰的中外名著、启迪思想的智慧读本、成功励志的名人传记，这些都是不错的选择。从别人的人生故事中，我们可以看到另一片未知的世界，从中得到生活的启迪。在那些浓缩的文字中找到自己前行的方向和目标，这就是书籍的效用。

爱读书的女人更乐于倾听，因为书籍让她们学会了低调与谦逊；爱读书的女人更善于思考，因为书籍增长了她们的见闻，拓展了狭窄的视野；爱读书的女人更懂得知足常乐，因为书籍开阔了她们的胸怀，让她们知道天地之大，与其整日自怨自艾、沉沦悲苦，不如放开胸怀，接受现实赐予的苦与乐。

莎士比亚曾经说过："书籍是全世界的营养品。生活里没有书籍，就好像大地没有阳光；智慧里没有书籍，就好像鸟儿没有翅膀。"读一本好书可以增加女人的学识和气质，让心灵得到滋润，避免走向浅薄和无知。那么什么样的书籍才有助于女人提高自我修养呢？下面的书籍不妨读一读。

(1)《第二性》

《第二性》被誉为"有史以来讨论妇女的最健全、最理智、最充

心自芬芳　不将不迎

满智慧的一本书"。此书以哲学、历史、文学、生物学、古代神话等文化内容为背景，纵论了从原始社会到现代社会的历史演变中，妇女的处境、地位和权利的实际情况，探讨了女性个体发展史所显示的性别差异。

(2)《红楼梦》

作为中国古今第一奇书、四大名著之一，其文学价值自不必多提，如果你没有读过《红楼梦》，那将是一件很遗憾的事。贾宝玉说，女儿是水做的骨肉。《红楼梦》中的女人形象各有姿态，有的蕙质兰心，有的仪态万千，有的哀婉动人，有的泼辣蛮横……不论是什么样的女人都是与众不同的个体，都能让当今的女性找到共鸣之处。

(3)《写给女人的忠告》

这本书是卡耐基夫人的成名之作，是她在总结卡耐基在妇女讲习会多年的工作经验的基础上，根据卡耐基的哲学思想、教育方法和著作模式，专门为女性写作的一部生活教科书。一个好的妻子应该帮助丈夫认识自己的优缺点，也帮助他认识周围人的优缺点。它可以说是当代女性的必读文本，为广大女性朋友们提供了切实可行的人生指导和精神启迪。

(4)《简·爱》

这是一个受过良好教育但社会地位卑微的女子对爱情和命运的抗争，并传递出对独立、平等、自信等权利的理解和实践。这本书告诉我们，女人必须有独立的人格，自尊自爱，不依附于别人，才可以赢得尊重和爱，才会有真正的幸福。

(5)《婚姻宝典》

每个女人都需要有一本教你如何经营婚姻的书籍，不论你是已婚还是未婚。婚姻是我们生命中最复杂的旅程，它担负着、牵扯着我们的爱情、亲情、友情，它包含着尊重、关爱、容忍、珍惜。本书的作者是婚姻方面的专家，从事亲子辅导多年，对家庭、亲子关系及内在成长有着深入的领悟。在这本书中，他以细腻的文笔，对婚姻心理学、情感问题和如何获得幸福婚姻等方面进行了阐述。

(6)《一个女人的成长》

作者以女人个人成长的历程作为参考架构，以春、夏、秋、冬为序描绘了一个女人的成长经历。女人的成长也要像男人一样培养幽默、自尊、自信、就事论事、乐于求知、关怀社会的特质。本书能够使那些愿意再成长的女人们增强信心、力量，并提供切实可行的方法，从而做个快乐又有智慧的女性。

(7)《人与永恒》

这本书是周国平的一本随感录，处处呈现出单纯而练达、质朴而传神的精巧之美。书中的文章涉及各个方面，爱情、生活、孤独、生死等人生常遇到的问题。浅白的词语中描绘的是对生命的深刻感悟，对人生的困惑和理解，也许读完这本书之后你对生活就有了全新的认识。

(8)《挪威的森林》

这是一部动人心弦而又略带感伤的青春恋爱小说。男主角渡边彻在两个女孩之间徘徊、纠葛,他一方面念念不忘直子的病情与柔情,一方面又难以抗拒绿子的热情与活力。遥远的汽笛、女孩肌肤的感触、傍晚的和风以及爱情的迷梦……这些组成了村上春树的世界。

2. 睿智来自不断地学习

随着社会的发展,越来越多的女性开始迈出家门,参加各种进修班和课程来增长自己的学识。她们不再局限于在家里相夫教子,在商界、政界、时尚界、财经界都能看到许多成功女性的身影。这种学识丰富、才华出众的女性走到哪里都会是众人的焦点。

在传媒领域,鲁豫可以说是集涵养和学识于一身的女性代表。她学习成绩优秀,尤其是英语水平,更是出类拔萃,曾经于2012年在赫特福德担任伦敦奥运会火炬手,并举办了一期以"《鲁豫有约》GREAT英国行"为主题的节目,走访了奥运之都。此外,在主持人的岗位上,鲁豫充分发挥了她的谈话艺术和语言才华。在凤凰卫视担任主播期间,她参与主持了许多大型直播节目,例如,香港回归、戴安娜王妃葬礼、美国总统大选，等等。

一个女人，拥有了美貌，会增添更多的自信，人生之路走起来更为顺畅，但是一个女人若拥有了学识，就是为实现所憧憬的目标奠定了基础。拥有学识的女人，即使是岁月的风霜爬上脸颊，也会风韵犹存，也会不失典雅的风范。谈吐不凡的女人，所有的话语从她们的口中说出来，就如同春雨般沁人心田。不论何时，不论何种场合、何种问题，她们都会依据自己的知识，提出独特的看法，独到的见解。在别人绞尽脑汁、不知如何解决问题时，她们会根据自己的经验和积累，来辨明问题，来解决问题。

有人曾经说过，学习是一种持续一生、不能停顿的过程，可我们当中的很多人在取得文凭后就停止了学习。这是一件很遗憾的事情。很多人在读完大学以后就不再进行学习，对于过去所学的知识也已经逐渐淡忘。踏上社会的我们更多的是关于升职加薪的期盼，而早已忘记了心灵的润养与充实。长此以往，我们的精神世界必将枯竭，与其他人之间的距离也将逐渐拉大。所以，不管什么时候，亲爱的女性朋友们，我们绝不能任由心灵荒芜、遍布疮痍，要做一个紧跟时代步伐的女人，这就要求我们要不断地学习。一个能与丈夫平等交流的女人，一个能够与时俱进的女人，一个能在工作中领先于人的女人，她一定是不断汲取知识来完善自己、充实自己的。

海伦·凯勒是一个很好的例子，正是学习改变了她的命运，她

心自芬芳　不将不迎

以所学的知识掩盖了自身的不足。学习，不断地学习使得她的一生光芒四射，使得她突破了命运的枷锁，从而掌握了命运，改变了命运。在海伦·凯勒出版的自传《假如给我三天光明》中，我们看到了一个感人、震撼的生命故事。读过这本书的人无不为这个坚强的女孩所感动。马克·吐温说过，19世纪出了两个了不起的人物，一个是拿破仑，另一个就是海伦·凯勒。海伦能够成为这么伟大的女性，与她的学识不无关系。她对自然、历史、文学的礼赞，深深体现了她对生命的感悟与理解。

有学识的女人，她们自信而优雅，她们坚强而柔美，她们谦逊而低调。学识是女人智慧的源泉，聪明的女人对男人来讲，有着独特的吸引力，如果懂得珍惜，必然是男人不可或缺的财富。在男人悲伤时，她们是抚慰心灵的甘泉；在男人失意时，她们是迎难而上的激励；在男人成功时，她们是荣辱与共的支柱。做个虚心学习的女人吧，不为名利所困，不为情爱所扰，才能让自己在社会上有一席之地。成为优秀的人必须要有渊博的知识，女人必须以丰富的知识来充实自己，这样才能成就自己的事业。

有位哲人曾经说过："智慧是穿不破的衣裳。"女性的智慧之美更胜于容貌之美，没有人可以青春常驻，但却可以让智慧永驻。拥有智慧的女性能够接受来自工作、家庭、儿女等各个方面的挑战，她们有独立的思维，有有效的方法，有恰当的谈吐。这样的女人是最有魅力的，理性与感性共存，处事上既善解人意，又进退得当。

好学的女人，视学习知识与学问为人生最大的快乐。只要我们寻找，生活中到处都有学问，每个人都有值得学习的地方。学习是每个女人的必修课，是缩小自己与他人差距的最快也是最好的办法，更是实现理想最为行之有效的方式。

古之圣贤都以学习为毕生所求，何况是默默无闻的我们呢？沉浸在知识的海洋里，用智慧当作船桨划开波浪，去寻找遥远的精神彼岸。懂得学习的女人不会在牌桌上虚度年华，不会在化妆、美容中消磨时光，更不会在闲谈唠叨中搬弄是非。她们正陶醉在知识的海洋里，洗涤自己、充实自己，使自己快乐，让身边的人幸福。

第3课　魅力之貌，尽显女性韵味

1. 万种风情，每个女人都是一朵花

乌黑齐整的短发，神采飞扬的眼眸，简约利落的打扮，悠闲自得的主持风格，举手投足间都透着无限魅力——这就是鲁豫留给观众的印象。著名电视节目主持人陈鲁豫，外形上并非是让人惊艳的美女，但当她在节目中将那些动人的故事娓娓道来时，便会不自觉地流露出一种优雅的风韵，让观众的视线聚焦在电视屏幕上。这样的气质和风情让徒有美丽外表的女人望尘莫及，这才是鲁豫的真正美丽之处。

对于女人来说，美丽不仅限于外表，智慧、修养、才华、气质，都是美丽的范畴。拥有漂亮的容貌而没有丰富的思想，就如同舞台上没有灵魂的人偶一样，只是虚有其表，任人摆布。

事实上，一个才貌双全的女人在人际交往中往往会比只有漂亮脸蛋的女人更受欢迎。每个女人都有着属于自己的风情，一颦一笑、

一举一动都能展现出她们特有的性情格调。著名画家达·芬奇用他独特的审美眼光告诉世人："你们不见美貌的青年穿戴过分反而折损了他们的美吗？你们不见山村妇女，穿着朴实无华的衣服反而比盛装的妇女要美得多吗？"由此可见，每个人都有着不同的风格、不同的韵味，一味地仿效别人只会适得其反，不如培养适合自己的穿着的风格、仪态，才能展现出自己的独特之美。

高贵优雅是一种美

在明星云集的好莱坞，有一个人的身影被永远镌刻在影坛上，她就是奥黛丽·赫本。有着"时尚圣经"之称的时尚生活杂志《VOGUE》曾经这样评价过赫本：人人都认为奥黛丽·赫本高贵而优雅，她的美丽永恒不变。提及时尚，人人都会立刻想起她。由此可见，赫本那高贵的举止、优雅的言谈以及与生俱来的魅力让世界各地的影迷们印象深刻，百看不厌。面对镜头，赫本总是那么自然优雅、谈吐自如、毫不做作，她不会搔首弄姿，卖弄风情，更不会衣着暴露，以此来取悦观众，而这正是观众们喜爱她的原因。

除此之外，高贵还体现在一个人的心灵上。晚年的赫本一直在从事着慈善工作，作为联合国儿童基金会的亲善大使，她亲赴拉丁美洲和非洲等地，为生活在那里的困苦孩子们呐喊和募捐。她在遗言中曾说道："你想要有优美的嘴唇，就要讲亲切的话语；你想要有

心自芬芳　不将不迎

可爱的眼睛，就要看到别人的好处；你想要有苗条的身材，就要把食物分给饥饿的人；你想要有优美的姿态，就要记住，走路时行人不止你一个。"

精明干练是一种美

新时代的女性不仅在家进得了厨房，而且在外更是把工作做得风生水起。她们处事干练，思想果断，不为小事斤斤计较，做事颇有大将之风。这类女性在政界、商界、文艺界等领域都占有一席之地，让许多男士都不得不刮目相看。鲁豫在观众心中就是属于有才能、有远见的职场女性。在事业上，她不满足于现状，一直在寻求突破，给观众一个全新的视角来看待她主持的节目；在生活中，她的家庭和睦，夫妻相处融洽。这不正是许多女性追求和羡慕的生活吗？

干练的女性并不是所谓的"女强人"或者"男人婆"。她们没有"女强人"的霸道和严厉，也不像"男人婆"般豪爽和粗鲁，她们可以很性感、很沉静。许多女性遇到困难首先想到的是自己解决问题，不依赖别人，也不轻言放弃，尽自己最大的力量努力做好一切，这样的女人值得敬佩，处处透露出不输男儿的干练之美。

温柔贤惠是一种美

中国人向来推崇女子要贤良淑德，尤其是成为妻子和母亲之后，更要温柔贤惠、相夫教子。早在《诗经》中就有所云："终温且惠，淑慎其身。[1]"其大意是，（仲氏）性情温柔又和善，善良谨慎重修身。这里所说的温柔贤惠并不是指对丈夫和孩子百依百顺，不敢有所怨言，而是说作为女性在夫妻相处之道中要懂得宽容和体贴，不要因为一点小事就大吵大闹；在教育和引导孩子的过程中，要循循善诱，尊重孩子的思想，不要用暴力的方式解决问题。学会忍耐，学会收敛自己的脾气，要做到这些，便能担当"贤惠"二字。

姣好的容貌并不是每个女孩都拥有的，但通过修饰自己，每个人都可以展现最美的一面。倘若修饰得当，它将成为你事业和生活中的助力。演员范冰冰曾经说过这样一番话："很早以前别人说我是花瓶。我说，我要一直优雅地做一个花瓶。花瓶也有很多，成千上万的花瓶，你怎么在这些花瓶里面做一个特殊的古董式的古典花瓶，也是需要花一番心思的。"所以，完美的女性光有外貌是不够的，优

---

[1] 出自《诗经·邶风·燕燕》，全文为：燕燕于飞，差池其羽。之子于归，远送于野。瞻望弗及，泣涕如雨。燕燕于飞，颉之颃之。之子于归，远于将之。瞻望弗及，伫立以泣。燕燕于飞，下上其音。之子于归，远送于南。瞻望弗及，实劳我心。仲氏任只，其心塞渊。终温且惠，淑慎其身。先君之思，以勖寡人。

雅的谈吐、丰富的学识、进退适宜的举止都是不可或缺的，只有这样，才能在人生中找到适合自己的位置，得到属于自己的幸福。

2. 打扮得体最是赏心悦目

文明姑娘的一大部分是她的服饰——事情原应如此。某些文明礼貌的妇女如果没有服饰就会失去一半的魅力，有些会失去全部的魅力。一个最大限度地打扮起来的现代文明的姑娘，是以精致、优美的艺术和金钱造就的奇迹。所有国家、所有地区和所有艺术都被贡献出来，让她打扮自己……女人，上帝保佑她！

——马克·吐温

马克·吐温的这段话充分说明了服饰和衣着对于女性的重要性，得体的打扮好像一个魔术师的手，瞬间就能使人幻化出夺目的神采和与众不同的气质，如同一件美观的艺术品，令人叹为观止。无论是一件外套、一顶帽子，还是一条裙子，得体的装扮，恰到好处的装饰总能提升女性的品味和内涵。倘若搭配得当，一件普通的衣服也能显现出高端大气的档次；若是选择不当，再高级的衣服也只能像地摊儿的廉价货一样让你失去光彩。

电视中鲁豫衣着总是给人很大方、很得体的感觉，几乎没有另类的、奇异的装束。迷人的窄裤是鲁豫所钟爱的。简单的、紧身的窄裤能更好地修饰腿部线条，这对于一个腿部细长笔直的女生来说是再好不过的了。与此同时，长期穿窄裤还有塑身美腿、预防腿部松弛、修正腿型的作用。

逛街似乎是女人的天性，鲁豫也是一个爱逛街、爱买衣服的女人，她曾说："我原来是那种能 SHOP TILL DROP（逛死为止）的人。买东西成了我辛勤工作之余唯一放松和犒劳自己的方法。"生活中的鲁豫不爱张扬，穿衣服也是中规中矩，她喜欢休闲放松的感觉，因此衣着打扮偏爱简洁而不另类的风格。正因如此，她在穿衣打扮上很少犯错误，而大多数女人在购买衣服时却总是神志不清醒，一时头脑发热就买了一件并不适合自己的衣服。

会打扮的女人应该切记：你所穿所戴并非一定都是名牌，但一定要干净整洁，并且适合你所在的场合；在买一件衣服或者裤子之前，要想想自己的衣柜里是否有适合搭配它的衣服，不要冲动购买与你风格不相符的衣服。要知道，衣着是女人的门面，仪表则是你的名片，直接关系着别人对你的第一印象。你也许不需要成为别人眼里的美女，但是你的衣着却可以提升你的品位和档次，让你在气

心自芬芳　不将不迎

质和精神上胜人一筹。

关于服饰

无论你是什么身材，从现在开始找到合适自己的衣服，彰显你的优势。身材高挑的女性可以选择长款外套、双排扣的夹克、包臀或者到脚面的长裙，这样的穿着可以使你更加性感迷人、简约大气。而个子娇小的女性则适合穿短款的上衣、低领的外套、半身的连衣裙。丰满的女性则应该穿着简约宽松的衣服、单排扣的短款上衣，这样可以使人看起来不那么臃肿，还可以拉长你的身型，缩小宽度。

很多女生都喜欢穿连衣裙，在炎热的夏天，它绝对是个很好的选择，不论你是个高还是个矮，连身裙都能很好地展现你迷人的风采。错落有致的褶皱让裙子散发出太阳一般的光线，使女性的身材显得更加修长而匀称。宽宽的裙摆让裙装显得更加飘逸和随性，同时还有效地遮盖腿部多余的赘肉。

关于发型

头发被誉为一种神奇的形象工具，不管你是有着一头黑亮如丝般的秀发，还是清爽利落、可以秀出你背部线条的精致短发。飘逸和摆动的发丝会自然地放射出女性独特的魅力。找到适合你自己的发型的关键，要看你如何来打理你的头发。

有很多人都会抱怨："发型师给我做的发型真的很好，但是回家之后好像变了一个样子。"你是否也有过这样的不解？其实当这样的事发生时，你应该意识到发型师只不过是在用一股软化力来使你的头发渐渐地立起来，而不是一下子就把它们吹个"底朝天"。

另外，多学习几种梳头发的技巧或者扎头发的方法会让你在出门的时候成为吸引别人眼球的焦点。平常在家的时候花一到两个小时保养头发，你就会发现你的发质在悄然改变。层次分明的短发、浓密卷曲的长发、长长的刘海儿……只要做到有型、干净和规整，哪一种都能让你变得与众不同，成为众人瞩目的对象。

关于妆容

很多女性遗憾自己容貌上的缺陷，比如眼睛小、鼻梁塌或者脸上有痘印，等等。其实你完全不必为此而烦恼，爱美之心人皆有之，聪明的女人知道如何让自己的容貌扬长避短。化妆是让你的脸蛋儿焕然一新的重要手段。通过完美的妆容可以使你的脸色更加白净、五官更加立体、线条更加柔和，从而使整个人看起来更加精致。

要想打造出清透无痕的底妆，粉底液是不可或缺的，而且最好是要使用粉底刷去刷粉底液，这样不仅能使粉底显得轻薄均匀，而且会增强粉底液的遮盖力，完美遮盖脸部的瑕疵。其次，眼部妆容

心自芬芳 不将不迎

也是非常重要的，谁都想拥有闪亮的大眼睛。因此，要想使眼部持久亮丽，要先用柔软的眼线笔沿睫毛根部画眼线，再用棉签将其晕开，然后盖上同色或者深一些的眼影粉将其定妆。这样就会使眼线保持持久并且能够很好避免脱妆。最后还要刷上睫毛膏，卷翘、浓密的睫毛会让你的眼睛更加神采奕奕。

3. 睡眠是保持神采的精神之源

睡眠可以带来美丽，这并不是一个神话。不管是明媚的双眸、洁净的肌肤还是健康的身体，都受到你睡眠的影响。美国哥伦比亚大学的一项调查表明：睡得越多，发胖的可能性越小。

作为电视台知名的主持人，鲁豫平日的工作极其繁忙，有些时候甚至周末还要加班。但是尽管如此，鲁豫却深知睡眠对身体的重要性，所以在工作之余，只要一有休息的时间，她都尽量做到早睡，让自己得到充足的睡眠和休息。

早睡也让我们与自然保持同步，顺应了身体各个器官的工作和休息的时间。比如，肝脏在11点就开始排毒，如果你晚睡，比如1点、2点睡而且长期这样，那么你的肝脏就十分容易出问题。另外，人体由内至外的器官组织都要休息了，如果你延长它们的工作时间，将会影响身体的健康。

没有充足的睡眠往往会使你吃得更多，很多女性要保持完美的身材，这一点尤其要注意。如果你只睡了五个小时的话，你体内激素的分泌将会降低十五个百分点，会产生一种难以抑制的好胃口，而这百分之十五的饥饿感又会继续增加激素的分泌，这样当你一觉醒来的时候就会感觉需要食物补充了。如果再喝了一宿的酒的话，酒精对血糖水平又会进行一次大的破坏。这样你也就不难理解为什么你第二天一整天每隔三十分钟就非常渴望吃一些零食了。

那么如何提高你的睡眠质量呢？下面的几点可能会对你有所帮助。

保持一个轻松的环境

一间看起来像个杂货铺的房间肯定不会使你有睡意，因为它似乎在提醒着你还有很多事情没有做。同放在你床边的电脑一样，房间里的电视也是可以妨碍睡眠的，因为它们都在刺激着你的神经。枕头和羽绒被应该每两个月清洗一次，使用时间过长，被子里面也会滋生很多细菌。亚麻是最能呵护我们的肌肤的材质了，因为亚麻是纯天然的而且 pH 值为中性，可以吸收达到它们自身重量百分之二十的水分，因此就可以吸收我们每天晚上因为排汗而排出的水分。对于亚麻和棉制品来说，针织得越密，也就说明织得越好，这样我们也就会觉得越软和。

心自芬芳 不将不迎

营造良好的睡眠氛围

身体需要冷静下来,好让内部器官,如心脏和肺部的中心温度跟着一起降下来。这也就是夏日的夜晚我们那么难以入眠的原因。理想的睡眠温度是 18 摄氏度到 20 摄氏度。为了使身体能够激活"让你去睡"这一褪黑激素[1],它也需要黑暗的刺激才行。因此,即便是柔和昏暗的室内灯光也会使身体减缓进入睡眠的速度。选择那些能够产生暗淡光线的低功率的灯泡,这样就可以帮你带来一种放松、悠闲的心情,当然也会使你觉得是种享受。

要是为了能够一下子从床上跳起来的话,那就要确保有足够的光线进入你的房间,让你的身体知道应该从睡意中解脱出来。如果早晨很昏暗的话,你就会有一种昏昏沉沉、想赖床不起的感觉了。有一种特制的闹钟可以模拟刚升起的太阳的光芒,这样就很容易使你进入白天的状态了。

睡前喝一杯牛奶

牛奶中的钙是一种镇静物质。饮温热饮料是一种很好的习惯,可以使身体放松,犹如一天生活结束时的奖赏。

---

[1] 褪黑激素,是人脑部深处像松果般大小的"松果体"分泌的一种胺类激素,其基本功能是参与抗氧化系统,防止细胞产生氧化损伤。

牛奶中含有两种催眠物质。一种是能够促进睡眠血清素合成的 L 色氨酸，由于 L 色氨酸的作用，往往只需一杯牛奶就可以使人入睡。另一种是对机体生理功能具有调节作用的肽类，其中有数种"类鸦片肽"，这些物质可以和中枢神经或末梢鸦片肽受体结合，发挥类似鸦片的麻醉镇痛作用，使全身产生舒适感，有利于入睡和解除疲劳，且又不会使人成瘾。牛奶对体虚而致神经衰弱者的催眠作用尤为明显。因此，临睡前可以饮一杯温牛奶。

稳定心态，进入睡眠状态

睡前一小时要远离电视，因为电视屏幕闪烁的光线会使人的神经兴奋而影响睡眠。

临睡前使用电脑，可能给睡眠带来不良影响。研究显示，体温在白天活动时会升高，而夜间睡眠时会降低。如果两者差距大，就容易进入深度睡眠。那些睡眠浅的人，则多是白天体温不高，夜间体温也不低，神经温差小的缘故。

清晨六点钟开始，大脑的温度会逐渐上升，午后趋于缓和，黄昏时达到最高点，入夜后两三个小时开始下降，直至凌晨出现当天脑部温度的最低点。

在睡前，进行激烈运动，使用电脑等都能使体温升高，破坏体温变化规律。在使用电脑的过程中，明亮的显示屏，开闭程序的活

> 心自芬芳　不将不迎

动,都对眼睛和神经系统有强烈的刺激,使体温处于相对较高的工作状态。中枢神经昼夜温差小,睡眠质量自然也就差了。不妨睡前用温水洗澡,喝一杯热牛奶,可以减轻睡眠不良的症状。

第4课　健康的身心，是人生最大的资本

1. 人瘦了，心情也好了

有句名言说："你有一万种功能，你可以征服世界，甚至改变人种，你没有健康，只能是空谈。"很多人都在追寻幸福，有的人为了万贯家财，年轻时拼命耗费自己的身体，年老时落下了一身病痛；有的人为了功成名就，不惜过度消耗自己的精力，等到爱情、事业双丰收的时候却没有时间来享受成功。殊不知，没有金钱可以再赚，没有事业可以拼搏，但没有了健康就等于失去了一切物质的和精神的基础。因此，我们最大的幸福就是能够拥有一个"千金难买"的健康体魄。有了健康的身体才能实现人生的最高价值。

对于自己的身体，鲁豫尤为注意。在荧屏上，鲁豫的形象一直是有些瘦弱，但精力充沛的。虽然很多人觉得鲁豫有些过于瘦削了，但她自己却并不这么认为。这可能由于她在小时候被人说胖的原因吧。鲁豫说，人，慢慢地瘦了，心情也一天天地好了起来。为了好

心自芬芳　不将不迎

的心情，为了保持身体的健康，鲁豫坚持合理饮食并配合加强锻炼。

合理饮食说起来容易，做起来却很难。鲁豫也不例外，曾经的她还是会经不起美食的诱惑，一旦肆无忌惮地大吃一顿之后，便开始进行加倍锻炼来弥补悔恨的心情。但现在的她不会再这样了，因为她已经意识到，吃过多的垃圾食品不可能享受健康的人生。合理饮食、选择健康就是善待自己，皮肤、头发、眼睛、精力以及状态都会受到饮食的影响。

随着社会的进步，很多人都开始关注自己的身体，尤其是女性，更应该好好保护自己的身体。毫不夸张地说，女人如果要保持容貌的美丽和身材的苗条，合理饮食是必不可少的。如果你不注意这些，那么极有可能在不知不觉中就会身材走样、面容憔悴甚至埋下疾病的隐患。所以，从现在开始合理膳食，改变以前不健康的饮食习惯，重新开始塑造自己的身体，调整不合理的饮食结构。

你经常吃炸鸡腿、炸薯条等高热量的油炸食品吗？

你爱喝糖分很高的碳酸饮料，例如可乐、雪碧，等等吗？

你每天饭后都要吃一个冰激凌或者奶酪蛋糕当作甜品吗？

你不爱吃青菜，不爱吃粗粮吗？

……

如果你存在这些习惯，那么就需要尽快做些调整，对于女性来说，合理地分配三餐比节食减肥更能有效地保持健康的身体。

依靠节食来保持身材是很多女性的通病，节食不但会让体内的蛋白质流失，维生素等营养物质摄入不足，还会使身体代谢出现问题，从而出现反弹现象。其实，保证健康的饮食对我们来说并不难，下面的几条建议有助于你获得健康的身体。

荤素搭配营养多

我们每餐的饮食搭配对于平衡膳食极为重要，多样化的食物有助于补充人体所需要的营养物质。人体必需的营养物质有将近五十种，不可能通过一种食物得到满足，因此，膳食必须由多种食物组成。《黄帝内经·素问》中有云："五谷为养，五果为助，五畜为益，五菜为充。"这就是说合理饮食要包括谷类、水果、肉类以及蔬菜等，体现了食物多样化和平衡膳食的要求。

从营养学的角度来看，食物可分为五大类：第一类为谷类和薯类，包括米、面、土豆、红薯，等等，主要提供碳水化合物、蛋白质、膳食纤维和B族维生素等；第二类为动物性食品，包括肉、鱼、蛋、奶，等等，主要提供蛋白质、脂肪、矿物质、维生素A和B族维生素等；第三类为豆类及豆制品，包括大豆、蚕豆、芸豆、绿豆，等等，主要提供蛋白质、脂肪、膳食纤维、矿物质和B族维生素；第四类为蔬菜和水果，包括植物的根茎、叶菜、瓜果等，主要提供矿物质、维生素C、胡萝卜素和膳食纤维；第五类为纯热能食物，

包括动植物油脂、食用糖、酒类和淀粉等，主要提供能量。这些营养对人体来说是缺一不可的，人体的饮食平衡需要它们来维持。如果营养不均衡，轻则可能使人疲劳、精神不振，重则可能造成疾病，影响身心健康。

三餐合理有规律

一般来说，一日三餐的主食和副食应该互相搭配，粗中有细，细中有粗。三餐的科学分配是根据每个人的生理状况和工作需要来决定的。按食量分配，早、中、晚三餐的比例为3∶4∶3，这就是说如果一个人每天要吃500克主食，最好分开吃，而不是在同一时间进食，早晚各应该吃150克，中午吃200克比较适宜。

俗话常说，早餐要吃饱，中餐要吃好，晚餐要吃少。这是要求我们三餐各有侧重，早餐注重营养、午餐强调全面、晚餐要求清淡。早餐要补充夜间消耗的水分和营养，所以一定要摄入充足的营养。你可以选择面包、牛奶、酸奶、豆浆、鸡肉等，充分补充蛋白质和维生素。

至于午餐则要求食物品种齐全，能够提供各种营养物质，为我们下午的工作和学习提供能量。米饭、馒头、各种荤素搭配的炒菜以及绿色蔬菜沙拉或水果都是不错的选择。

到了晚上，应该要注意晚餐的清淡，不要吃太过油腻的大鱼大肉类食物。选择脂肪少、易消化的食物，且注意不应吃得过饱。晚餐营养过剩，夜间消化缓慢，会加重内脏的负担，同时也是造成肥胖的原因。晚餐最好选择面条、粥、素菜、豆类等食物，偶尔饮一杯红酒也是对身体极有好处的。

多吃果蔬减脂肪

水果是膳食营养中维生素A和C的主要来源。水果中所含的果胶具有膳食纤维的作用，同时水果也是维持我们身体内酸碱平衡、电解质平衡不可缺少的一类食物。并且，有专家分析称早上吃水果营养价值是最高的，而到了晚上营养价值就会降低。其中的道理是，人在早起时供应大脑的肝糖原耗尽，这时吃水果可以尽快补充糖分。而且，早上吃水果，各种维生素和养分易被吸收。

除了水果以外，新鲜蔬菜中也含有钾、钙、钠、铁等矿物质以及丰富的维生素。蔬菜的颜色越深，含有的维生素A和维生素C就越多。蔬菜中的纤维质可以促进身体的代谢功能，有效促进肠与胃的蠕动，所以能降低食物在肠道停留的时间，减少营养素的浪费，并及早协助排出对人体无益的废物。多吃蔬菜，不仅可以延缓食物消化吸收的速率，更能健胃整肠，还可以调整血液品质和身体体质，减少发胖的概率。

心自芬芳　不将不迎

足量饮水缓衰老

水是膳食的重要组成部分，是一切生命必需的物质，在生命活动中发挥着重要作用。一般来说，健康的成人每天需要 2500 毫升左右的水。在温和气候条件下生活的轻体力活动的成年人每日最少饮水 1200 毫升（约 6 杯）。在高温或强体力劳动的条件下的人还应适当增加饮水量。人体内的水和排出的水处于动态平衡中，饮水不足或过多都会对人体健康带来危害。饮水应少量多次，要主动，不要感到口渴时再喝水。

另外，有研究表明，喝足够的水，可以延缓衰老，有利于长寿。人体衰老的过程，就是人体脱水的过程。例如老年人皱纹增多，就是皮肤干燥、脱水引起的。所以，爱美的女性们，如果想要保持肌肤的活力，一定要保证每天有充足的饮水量。

2. 绽放笑容，增添迷人光彩

微笑可以说是情感表达的最好方式，不论是工作中，还是社会交往中，微笑都是最好的通行证。熟悉鲁豫的人对她那招牌式的笑容肯定记忆犹新，明亮的眼睛配上迷人的微笑，总有一种邻家姐姐的气质，让人感到温暖而又舒服。

在鲁豫看来，最糟糕的状态就是没有笑容、脸色阴沉的时候。因此，在每次录节目之前，她总是尽力调整好自己的心态，无论是遇到多么郁闷、糟糕的事情，她都会把它们抛诸脑后，不让任何事情影响她的心境和状态。

在节目中，鲁豫丝毫不掩饰自己的笑容，在听到嘉宾们讲述极为有趣的话题和故事时，她也会与现场观众一样放声大笑，让节目进入高潮阶段。鲁豫相信快乐的力量，她钟爱微笑，并且希望把笑声传递给更多的人。同为节目主持人的奥普拉也深谙此道，在一期节目播出之前，她亲自打电话给朋友们，告诉他们这期节目将会非常有趣。而事实上确实如此，杰里米·肯尼迪帮一位嘉宾做了一次很糟糕的美容改造，逗得奥普拉和观众们捧腹大笑。

每个人都应该寻找自己的招牌笑容，甜美的微笑比任何花哨的语言更能赢得别人的喜爱，也更具有说服力。不论你是否拥有美丽的外表、婀娜的身姿，只要你能够向别人展示出你的笑容，就能够吸引他人，并且成为最受欢迎的女士。

微笑看似简单，却有着无穷的魅力，如同是向别人暗示：见到你非常高兴，我很喜欢、欣赏你，希望和你成为朋友，你带给了我快乐。

钢铁大王安德鲁·卡耐基的得力助手斯瓦伯曾经说过这样的话："我之所以能够成为全美薪水最高的人，主要是因为我有着迷人的魅

心自芬芳　不将不迎

力。我的人格、我的品德以及我与人相处的秘诀，都是我取得成功的原因。然而，我最迷人的地方还是那发自内心的微笑，我的微笑绝对价值100万美元。"

每天清晨起来对着镜子给自己一个笑容，遇到朋友、同事或者匆匆行走的路人，要尽量对他们微笑；多结交乐观的朋友，遇到快乐的事情一定要与周围的人分享，也要耐心聆听他人快乐的事情，因为笑能传染；如果你性格内向不爱笑，可以尝试看些喜剧片或笑话，并尝试讲给别人听；有颗豁达的心，凡事多往好的方面着想；强迫自己笑，慢慢地，你会发现，微笑其实很简单，笑容在你身上已经成为了一种习惯。

雨果曾经说过："有一种东西，比我们的面貌更像我们，那便是我们的表情；还有另外一种东西，比表情更像我们，那便是我们的微笑。"要展现出最动人的微笑，就要找到最合适的表情。

在人与人的交往中，微笑是一种有效的沟通工具，你可以用它来拉近与陌生人之间的距离，表达你对他人的尊敬和礼貌，感谢他人的诚意和礼遇，因此每个女人都要学会善用表情。很少有人会认为脸上不带笑意的女人是亲切友好、受人欢迎的，的确，你可以说任何得体的话，但是没有合适的表情，这看起来就像在惺惺作态。

笑容其实是可以培养出来的，经过训练的笑容，应该是可以控制、有表达力、独具魅力的。这与我们本色的微笑不同,本色的微笑只有心中有笑意才会笑,没有笑意又没有经过训练只会让人觉得虚伪、扭捏和不受欢迎。

加州大学心理学教授保罗·艾克曼认为,人类可以自三十米远处感受到一副笑脸,它是一种让你无法不用同样的表情去回应的信号。所以,在你拥有智慧、美貌和优雅举止的同时,开始对陌生人微笑吧,你会得到立竿见影的效果。

你可以尝试寻找你最美的笑容,对着镜子牵动你的嘴角,由内向外散发喜悦之情,不断调整嘴角牵动的幅度,找到最得体、最亲切、最自然的笑容和面部表情。通常来讲,含蓄优雅、有亲和力的笑容最能引起他人的共鸣,而这也是人际交往中最好的润滑剂。最感人和最动人的微笑,一定是发自内心的,源自心灵深处,真挚而真实的。

微笑是女性自我调节和滋养心灵的最有效方式。在温暖的阳光下,置身在风景如画的森林中,看着鲜花盛开的丛林,嗅着清新甜美的空气,你会从心底洋溢出快乐和幸福感。于是,你便会不由自主地微笑,这种微笑是发自内心的。

著名心理学家麦克斯维尔·梅尔兹在自己的书中写道:"心理健全的尺度是到处都能看到光明的秉性。快乐或随时保持人的思想愉悦的观念,能够在漫不经心的练习中巧妙、系统地培养出来。"不要总看到自己的不幸，不要总把苦难挂在脸上，当你处在紧张的氛围中，或在情绪低落时，牵起你的嘴角，启动你的微笑，内心便会产生喜悦之情。

其实快乐很简单，只要你细心寻觅。换个角度看问题，就会发现前途一片光明。

3. 寻找合适自己的锻炼方式

俗话说，生命在于运动。女人要想保持完美的身材，光靠合理饮食是不够的，与此同时，你要配合适当的锻炼，才能塑造出优美的身体曲线。只是节制自己的饮食、不食用高热量的垃圾食品，而不进行锻炼则会使一切前功尽弃。美国著名的脱口秀主持人奥普拉曾赞同地说："健康饮食一定要和身体锻炼相搭配。"

现代社会，人们的生活压力很大，尤其是很多女性事业和家庭都要兼顾，如何调节自己的身体变成了一个不可忽视的问题。在繁忙的工作之余寻找一种合适的锻炼方式，不仅可以苗条瘦身，更重要的是它可以让女性保持自然、健康的美，让每个细胞都充满活力，这样的美才会更动人、更持久。

据研究报告显示，适当的体育锻炼在生理上可以增强人体的心肺功能，改善血液循环系统、呼吸系统等多项机能，有利于人体的生长发育，增强身体的适应能力。而在心理上，体育锻炼不仅具有调节人体紧张情绪的作用，而且能够改善心理状态，使消耗的体力和精力得到充分的恢复。

每个女人都希望自己可以永葆青春，由内向外散发光泽，那么锻炼就是最好的选择。不同的运动会产生不同的效果，如果你看起来身材瘦弱，但身上脂肪较多，那么你可能属于虚胖型，这类人群适合跳绳、跑步、爬楼梯等燃脂运动；如果你是身体局部地方偏胖，手臂、臀部、大腿等地方脂肪较多，那么你可以选择打羽毛球、游泳等有氧运动调节机体；而一些上班族，经常在办公室久坐不动，则可以尝试拉伸肌肉的伸展运动，来增强韧带的韧性和身体的协调性，比如瑜伽或者健美操等。

鲁豫多年来都保持着自己的完美身材，很多人都向她询问减肥的心得和秘诀，她是这样回答的："饭后一定要站半小时，才能坐下。晚上睡觉前三个小时不能再吃东西，实在馋了，就吃水果。冰激凌、奶酪蛋糕可以吃，但一个星期只能吃两次。锻炼很重要，我建议你去练瑜伽。"

由此可见，锻炼对于女性的重要性是不容小觑的，而鲁豫找到了最合适她的运动方式——瑜伽。瑜伽是一项很好的放松身心的运动，练习瑜伽不需要专用的场地，也没有太过复杂的要求，近年来尤其受到女性的喜爱。

心自芬芳　不将不迎

几乎很少有人每天都去健身馆参加各种锻炼,每天筋疲力尽地回家之后似乎也没有完整的时间来进行运动练习。那么,你不妨把瑜伽练习分解成一组一组独立的动作,这样随时随地只需要五到十分钟就可以完成一个动作。下面有几套简单的瑜伽动作,你可以尝试一下。

(1) 转体运动

放松仰卧在瑜伽毯或床上,双手抓住左侧膝盖,将膝盖向上拉伸。左臂放开,从右侧向左伸展。头转向左侧。右手放在左膝外侧,右腿向下伸展,左腿轻轻地放在右腿之上。这个过程中两肩必须始终与瑜伽毯或床接触,每次吸气时,左侧膝盖持续向下。坚持呼吸五到十次,然后慢慢地放松,身体恢复平躺,转换身体另一侧做同样的练习。

功效:拉伸肢体,促进体内代谢,活动关节和躯体。

(2) 三角式运动

双脚分开与肩同宽,双手竖直举起超过头顶,身体向左前方慢慢倾斜,背部保持平衡,眼睛看向地面,用手臂力量带动身体向前,将身体的大部分重量转移到左脚前脚掌,将动作保持五分钟,重复此动作十次,练习五组。然后向反方向练习。

功效:拉伸颈部肌肉组织,减轻膝盖压力,促进下腹内部新陈代谢。

(3) 转腰运动

竖直站立，双腿向两侧打开，双脚平行站立，脚尖向前，双手放在腰间。吸气，同时保持上身竖直，呼气，上身向下弯曲成 90 度。保持放松，头部慢慢向下低，身体向左右缓慢、匀速地旋转。双腿在这个过程中始终放松。每次呼气时，上体尽可能向下伸展。

功效：改善头部和上身的供血，强化腰部肌肉，拉伸大腿内侧和后侧的肌肉组织，促进消化系统机能。

(4) 单抬腿运动

身体正坐，左腿向前方伸直，右腿弯曲并搭放在左腿上方，右手扶在右腿膝盖上，左手扶在右脚上，背部挺直，两肩向后打开，头部微微放低。双臂慢慢撑直，双手压住右腿并尽量压低，头部抬起，目视前方。

功效：强化腿部、手臂和后背的肌肉组织，美化腿部线条。

定期运动能够帮助我们保持身材、减缓衰老以及增强代谢。美国作家史多美·奥玛森认为，当你进行任何形式的体育锻炼时，你都会加深呼吸，吸收更多氧气。这些氧气通过肺部的血管进入血液。心脏会造出更多血液，将这些氧气带到你身体的各个部位。有害和残留物质会以二氧化碳的形式在呼气时从体内排出……血液干净了，

心自芬芳　不将不迎

疾病自然难以滋生。

美国前总统小布什曾说："没有什么比得上骑车、爬山所带来的喜悦，它能唤醒你许多孩提时代的感觉。"不要认为运动消耗了你的体力，占据了你的时间，恰恰相反，它使你有更多的精力投入到工作和生活中去。所以，坚持锻炼吧，你会看到锻炼给你带来的神奇效果，每天都是一个全新的自己。

第5课　容颜易逝，优雅不老

1. 闻香识女人，让身体散发馨香

《鲁豫有约》中有一期是鲁豫采访甜歌皇后李玲玉，在节目中，鲁豫和李玲玉畅谈起了女人对香水的钟爱与喜好。生活中的李玲玉很喜欢收集香水，出国的时候都会去免税商店，或者是去当地比较有特色的一些香水店买香水。她喜欢香水的味道，也喜欢它们的包装，基本上是走到哪儿买到哪儿。说到香水，同为女人的鲁豫也打开了内心深处的香水情结。与鲁豫共事的同事或者是参加《鲁豫有约》的嘉宾都会深切地感受到鲁豫身上那份特有的香气，清新自然的花香，只是清爽悠扬地飘散而来，就足以彰显出她典雅而温和的气质。

每个女人都应该有一款属于自己的香水，有一种属于自己的味道。法国时尚大师香奈儿对香水的理念是："香水要强烈得像一记耳光那样令人难忘。"也许你的外表并不能让别人印象深刻，但你身体

心自芬芳　不将不迎

所散发的迷人气息却能让人难以忘记，这就是香水的魅力所在。如果说化妆让女人变得年轻漂亮，那么香水则是彰显了女人的品味。

众所周知，美国著名影星玛丽莲·梦露在吐露她性感魅力原因的时候曾说："我睡觉时除了香奈儿五号什么都不穿。"由此可见，她对香奈儿五号这款香水的钟爱。每一个懂得生活、爱惜自己的女人都应该找到属于自己的那款香水。

一些带有花草清香的香水尤其适合女性，柠檬、绿草、茉莉等带有草香或者果香的味道近年来颇受欢迎。每个人的喜好不同，在选购香水时，不光要考虑个人的喜好，还要考虑到你所使用的场合和空间。下面有几点挑选香水的注意事项，希望会对你有所帮助。

（1）早晨是挑选香水的最佳时机。人的嗅觉在清晨时是最灵敏的，因为此时你的鼻子没有闻到其他的气味，所以对香水的味道很敏感，有助于挑选到适合自己的香水。

（2）忽略香水的包装，注重味道。很多商家会利用香水的包装来取悦女性顾客，但很多时候外表新颖、时尚的香水，内在并不一定如外表一样完美。真正经典的香水可能并不是正在流行的，但是却是流传很久的。它也可能被装在一个丑陋的瓶子里，让顾客忽视它的内在。所以，在选购的时候千万不要被外表迷惑，一定要在亲自尝试它的气味后再做出决定。

（3）如同其他商品一样，包装精细之处往往是体现了商品的内在质量。在鉴别香水质量时，要特别注意香水瓶的密封情况，瓶口与瓶盖之间要严密无间隙，否则易导致酒精挥发。此外，还要注意香水包装是否整齐，图案是否清晰，瓶外观有无裂纹等。若是带喷头的香水瓶，还应检查喷头是否灵活，有无泄漏。

（4）在选购香水之前，身上不要喷洒其他的香水，也不要让自己沾染到刺激性的气味，否则会干扰到你的嗅觉。

（5）不要试闻很多款香水，最多可以连续试闻五种，因为闻太多的味道，鼻子会产生厌恶感，从而影响你的判断力。

（6）在试闻香水时，最好依照下面的步骤来进行：

①把第一款香水涂在左手腕，隔数分钟后闻闻看；

②数分钟后把第二款香水涂在右手腕，隔数分钟后再闻闻看；

③再过数分钟后，把第三款香水涂在左手臂弯内，数分钟后再闻闻看。

试香水的秘诀是轻轻闻一下之后就要让鼻子休息，若持续用力闻太久使鼻子疲劳，对香味混淆不清，则无法做出正确的判断。记住在你试闻下一款香水时，请先深呼吸，把体内残余的香水气味清除干净，香味才不会混在一起。因为一次闻很多香味，人类的嗅觉会产生疲劳，鼻子麻木之后就分辨不出香味的差异。所以选购香水之前，先决定出两三个种类，避免一次试闻太多香味。选择香水要以中味的香气来判断，不能凭借前味来决定。直接从香水瓶口闻香

心自芬芳　不将不迎

是很荒谬的事。酒精的刺激味呛到鼻子，是无法闻到香水的原味的。用指甲或手腕内侧蘸取一两滴香水，慢慢地吹口气或是手轻轻地摇晃，让酒精挥发后再静静地闻香味。最好能够先离开几分钟左右再回来闻闻看。如果没有找到喜欢的香水或无法判断时，最好改天再来。想要找寻自己喜爱的香水，勤快多跑几趟才是最好的方法。

小贴士：怎样正确使用香水

很多女性对喷香水有一个误区，认为香水喷得越多越能遮住体味，但事实上并非如此。香水喷得太多不但会产生刺鼻的气味，而且一旦与体味混合，还会产生令人眩晕的怪味。那么怎样喷香水才能令女性们香气袭人呢？下面为大家介绍两种常见方法：

（1）七点法：首先将香水分别喷到左右手腕的静脉处，双手中指以及无名指轻触对应手腕静脉处，随后再轻触双耳的后侧、后颈部；然后，轻拢头发，并在发尾处稍作停留；第三，双手手腕轻触与之相对应的手肘内侧；第四，使用喷雾器把香水喷到腰部的左右两侧，左右手指分别对腰部喷香水处进行轻触，然后用沾有香水的手指轻触大腿内侧、左右腿膝盖的内侧、脚踝的内侧。七点擦香水法到此结束。

（2）喷雾法：在穿衣服之前，让喷雾器在距离身体大约10至20厘米的地方喷出雾状香水，喷洒的范围越广越好，随后在香雾中站立约五分钟；或者将香水向空中大范围地喷洒，然后慢慢地走过香雾。这样便能够令香水均匀地洒落在身体上，留下淡淡的清香。

2. 仪态端庄，让你成为职场名媛

培根曾经说过："形体之美胜于颜色之美，而优雅的行为之美又胜于形体之美。"这句话充分显示了优雅的体态、优美的言行对女性的重要性，而这些甚至超越了容貌和身材的美丽。一个有内涵、有修养的女人一举手、一投足都会给人以美的享受。她们举止得体、仪态端庄，一颦一笑都流露出沉稳从容的姿态。

在职场中奔走的女性每天要面对形形色色的人物，如何让别人对你另眼相看、欣赏有加，这更需要女性朋友们注意自己的仪态，因为没有人愿意和一个举止轻浮、言语肤浅，甚至是有不良嗜好的人一起工作。尽管容貌无法改变，但是，你可以决定自己是否优雅。不管你相信与否，事实上，女人确实可以通过工作来向人们展示她们优雅的举止。

妆容淡雅不浮夸

俗话说，三分长相，七分打扮。化妆可以改善女性的肤色与气色，让容貌更加靓丽，提升工作中的自信。职场中的女性选择好适

心自芬芳　不将不迎

合自己的妆容，不仅能让你赢得别人的好感，而且能帮助你赢得"能干""稳重"等赞誉。

职场妆容要求给他人一种知性、庄重、亲和又干练的感觉。因此，妆容不宜过浓，淡妆出场最为适宜，尤其忌讳在工作场所妆容太过奇异古怪、过于凸显自己的个性。

如何利用妆容来凸显你的气质，增加他人对你的好感，下面我们就来说说职业妆的化妆技巧。

首先，在挑选职业妆粉底时切记要以你的肤色为基础。粉底的颜色比肤色要稍亮一些，这样在光照下，你的肤色才会亮丽，整个人就会有神采、有精神。为了保证面部没有油腻感，一定要均匀地涂抹粉底液，从而才能使皮肤既不失去透明度和光泽，又能显得脸部清爽、干净。

其次，职业装的色彩与线条的组合，既不能够过分炫目，也不能够过分模糊，而应该在视觉上给人们一种和谐、舒适又自然的感觉。眼影和口红的选择要根据服装的颜色来搭配，如果你的衣着是冷色系，那么眼影就不要使用偏红或者偏黄的暖色系颜色，那样会使你的妆容看起来很跳跃。

再次，在职业装中，眉毛的形态是至关重要的，因为眉毛能够令人的面部表情产生变化，眉毛过细或者过于高挑，都会给人不成熟、不可信的感觉，略微粗重的眉毛会令你看上去更加精明能干。

最后，眼妆必不可少的是刷睫毛膏，睫毛膏能够起到放大眼睛的效果，令女性的眼睛焕发出清亮的光彩。在刷睫毛膏的时候，要自睫毛根部向上刷，在刷靠近眼头的几根时，可以将刷头竖起来刷，这样会使眼睛显得更加有神。另外，刷上眼睫毛时，睫毛刷和睫毛成平行状，用"Z"字形刷法。刷完一遍，等干了以后再刷第二遍。刷下眼睫毛时，睫毛刷和睫毛成垂直状，刷一遍就可以了。

总的来说，职业妆应该以浅色调为主，如果想令肤色更加明快，那么可以选择粉色或者橙红色，冷色调的紫色或者蓝色并不太适合办公室的女性。根据工作环境和活动场所选择不同色彩的妆容会给人不同的感觉，要展现职业女性理智与庄重的风格，符合自己的形象与工作性质是极其重要的。

站姿端正不歪斜

成熟、优雅的女性不论是站着还是坐着都能保持自己的形体美。不管在哪里、在哪种场合，站姿一定要保持抬头挺胸，收拢小腹，不要让人看到慵懒的感觉。这种姿态开始做起来可能不太容易，但是只要坚持一段时间，便能习惯成自然。

简单的训练也可以造就完美的体态，你可以利用家里的墙壁，把脚跟、臀部、两肩、后脑勺紧贴着墙，双腿并拢，双臂自然垂直放在身体两侧，保持这个姿势站立半个小时到一个小时，长此以往

心自芬芳　不将不迎

就能达到标准。

无论男女,在站立时都要切忌弯腰、驼背、缩着脖子、腆着肚子。在与人交谈时,最忌讳左右摇晃、东张西望、无精打采、倚靠墙壁、把手插在裤子的口袋里等一些不雅举动,这样会让人觉得不够尊重对方。

女性在站立时的姿势,可以根据自己的舒适度有所调整。如果是穿着短裙,最好是把两腿并拢,脚尖自然分开;如果是穿着长裙则可以把两脚略微分开,站成丁字形,站立时间较长时还可以把重心偏移,两腿轮换弯曲进行休息,但上身一定要保持正直,不能随意晃动。总之,一定要让自己以精神良好、朝气蓬勃、信心百倍的姿态出现在别人面前。

坐姿稳重不散漫

坐可以说是我们生活中最为常见的一种状态,但却很少有人的坐姿是正确的。一般人在坐着的时候都喜欢随意倚靠或者跷起二郎腿,更有甚者还喜欢把手扶在腿上抖腿……这些在社交场合都是极为不文雅、不正式的姿势,所以应该及时改正。在职场中的女性经常需要跟领导或者客户谈话、开会,因此坐姿的优美和端庄就显得尤为重要,那么怎么样的坐姿才是正确的呢?

首先,当你从远处走到座椅前时要轻轻地转过身来,将一条腿向后半步，接触到座椅之后再款款坐下。坐下之后，上身要挺直，两肩放松，双手自然地搭放在大腿上面。如果是有扶手的沙发或者座椅，可以将一只手搭放在扶手上，两腿可以并拢。面对你的谈话对象，根据谈话的状态，身体可以略微向对方倾斜，以示你在认真倾听对方所说的内容。此时切记双脚不能离开地面，也不能把两腿分成大八字或者平伸出去，要注意保持一种端庄恭敬、温文尔雅的姿态。时代在进步，我们虽然不必像古人那样"正襟危坐"，但也不能随意东倒西歪、随意乱靠地坐着。

对于爱穿短裙的女性，坐的时候更要注意，以防止裙底"春光外泄"。女士在落座时，一定要注意先把自己的裙子拢一下，两腿可以并拢之后垂直于地面，也可以并拢后向一方斜放，还可以并拢后两个小腿前后交叉叠放。对于女士来说，坐姿最忌讳的是两腿分开，双脚摇晃抖动。还有，如果穿有衬裙的话，要注意采取侧坐的姿势，避免将衬裙露出来。

Happiness

CHAPTER TWO 幸福追寻 / 在爱里,我们已然相遇

第6课　沉浸在爱的港湾

1. 我记得你手掌里的温度

爱情可以说是这个世界上最美好的感情，两个毫无关系的陌生人因为一份爱而走到了一起，成为了彼此最为亲密的人。爱是人的本性，就像太阳发射出耀眼的光芒一样。沉浸在爱情中的女人是幸福的，她们有了停泊的港湾，有了坚实的依靠，有了完美的归宿。鲁豫也是这样一个幸福的女人，能与相爱的人组成一个完整的家是所有女人最终的梦想。

尽管鲁豫的工作很繁忙，经常要北京、香港两地往返，但为了能和所爱的人有更多的时间相聚，她还是会拖着行李箱在机场穿梭。鲁豫与她的先生朱雷可以说是因为缘分才牵手走到了一起。在鲁豫13岁的那年，她认识了朱雷。身材娇小的鲁豫给朱雷留下了深刻的印象，而有着像大哥哥般安全感的朱雷也让鲁豫感到踏实和温暖。鲁豫18岁的时候，她和朱雷都越发成熟，初恋就这样不期而遇。然而命运好像是要给他们更多的考验，三年后他们结束了这段恋情。本以为不会再相见的两个人都把彼此放在了心里，九年后的重逢让他们重新审视了自己的感情，最终迈向了婚姻的殿堂。

每个女人都有自己的感情生活，从初恋时的懵懂无知，到婚姻中的相濡以沫，这期间要经历无数次的选择与挣扎、包容与忍让。但是，只要俩人之间有爱，无论前路多么坎坷也能够相伴走到尽头。这就是爱情最可贵的地方，无论是轰轰烈烈的海誓山盟，还是细水长流的相敬如宾，只要坚持忠贞的信仰，生活中就没有什么可以使相爱的人分离。

然而，忠贞的爱情说起来容易，做起来却很难。我们每个人的个性、喜好、生活习惯都不尽相同，相爱的两个人如果不能相互包容、体谅终究会因为误解、吵闹而分开。鲁豫的初恋就是这样戛然而止的。那时的他们都太过年轻，还不曾理解爱情的真谛，以为只要相爱就能够长长久久。恋爱中的俩人也会因为小事而争吵，而有一次在鲁豫发脾气后，朱雷却并没有前去安慰。他突然意识到，他们之间的爱是如此的脆弱，脆弱到时时刻刻都要小心翼翼，而这并不是他想要的爱情。而事后鲁豫也因为自己无故发火而懊悔，但年少气盛的他们谁也没有向对方低头，感情就此定格在了那年的冬天。

俗话说，相爱容易，相处却很难。每个女人能送给爱人的最美好的礼物，就是无穷的耐心和包容。爱情就是给予，要给得丰富与

心自芬芳　不将不迎

慷慨。如果你爱他，就要在许多事情上面做出牺牲，不要让抱怨摧毁你们辛苦建立的幸福。

爱情是一种力量，是两颗真正相爱的心的凝聚，只有心往一处想，力往一处使，才会得到意想不到的礼物。只有保持理解、宽容、尊重、信任，随时进行心灵的沟通，才能保持圆满的爱情和婚姻。

遗憾的是，很多女性都不能体会这其中的深刻道理。在与爱人相处较长时间后，没有了相爱时的激情，她们有时会变得无理取闹，让男人们无所适从。要知道，蛮不讲理是腐蚀爱情的毒瘤。尽管每个人都知道这一点，但是有时候我们对待自己的爱人，竟然比不上对待陌生人那样有礼貌。

我经常会听到有女性抱怨他们的爱人不关心她们、忽略她们、不知道赞扬她们，其实，她们往往也吝于对爱人表示出关心和爱意。她们时常挑剔和批评爱人的错误，为一点小事就大吵大闹，乱发脾气。她们正是威廉·伯林吉尔博士所描述的那种女人："有些人太爱自己了，她们愿意分给别人的爱实在太少。"与之正相反的却是，最能够体贴地表示出爱心的女人，也能从她的爱人那里得到更多的关注。

对女人来说，不光要拥有爱，更重要的是要学会经营爱情。古希腊哲学家柏拉图说过："爱情，只有情，可以使人敢于为所爱的人献出生命。这一点，不但男人能做到，而且女人也能做到。"爱情能够产生奇迹，它的潜能就像原子能那样巨大。你所付出的爱心和包容，是对所爱的人最好的鼓励。如果你真心爱他，你就会心甘情愿地尽你的一切能力去做每一件事，让他感受到快乐。而与此同时，爱情都是相互的，你的爱人从你的深情挚爱里得到了温暖和理解，那么，他同样也会带给你更美满的幸福和关心。

2. 用理解读懂你的另一半

生活中，很多人都会问，爱究竟是什么？情侣间的吵闹，夫妻间的争执，这些是不是爱呢？爱看似深奥，其实放在每个人身上又很简单。爱是忍耐、是包容、是关怀，两个人彼此理解、相互信任，这就是爱。

莎士比亚曾经说过："最甜的蜜糖可以使味觉麻木。不太热烈的爱情才能维持久远。"爱一个人，最重要的也许不是甜言蜜语和海誓山盟。生活中的一些细小的琐事也许更能体现用情之深，那才是爱的密码。

某一天，我的朋友杰西卡突然说要结婚了，在场的朋友们都十分惊讶。惊讶并不是因为听到这个消息感到唐突，而是因为朋友们都认为她与相恋多

心自芬芳　不将不迎

年的男友早该如此，此刻她终于下定决心，走进婚姻的殿堂了。

在遇到她的未婚夫之前，杰西卡曾有过一段悲伤的感情经历。那时的她还是十七八岁的少女，她爱上了一个英俊的男孩子。两个人爱得热烈如火，整日如胶似漆，但到了谈婚论嫁的时候，男孩却突然负她而去，消失无踪。这件事对杰西卡的打击很大，很长一段时间她无法再接受新的恋情。所以尽管她与后来的男友关系非同一般，却不敢轻言"结婚"两字。男友了解她的过往，一直默默地关爱着她，却只字不提那两个字。

这次男友到外地去做生意，到了那里才发现货物价格上涨不少，做生意的本钱也比想象得要多。男友给杰西卡打电话，让她把存折里的钱给他汇过去，他的存折就留在她这里。但是男友却没有告诉杰西卡密码，也许是因为心急忘记了，也许是因为他相信杰西卡应该知道。他与杰西卡曾经一起存取过很多次钱，密码无非就是他们生日的组合：他的生日是1975年8月9日，而她的生日是1979年11月17日。

杰西卡在柜台前填好了单子，与她一起去的朋友在门口等她。银行柜员叫她输入密码时她才想起自己并不知道存折的密码，以前与男友取钱时也并未注意，但事已至此，她也只好试一试。杰西卡隐约记得密码是与生日有关，便输了197589。那是男友的出生日期，但是柜员小姐却对她说输错了。她又输了791117，又错了。柜员小姐看了她一眼，问她是不是忘记了。杰西卡感到很窘迫，紧张之余想了一下又输入891117，结果还是不对。她不再输入号码了，刚想把存折拿回来，在门口等她的朋友走了过来，问了几句之后，输了111789，这次密码竟然对了。

走出银行，杰西卡问朋友是怎么知道密码的，朋友认真地对她说："他如此爱你，做什么事肯定都会先想到你，然后才是他自己，设密码也会如此，首先想到的一定是你的生日……"

在给男友汇了钱之后，杰西卡给他打了电话，在电话末了她轻轻地对他说："回来之后，我们结婚吧……"男友听后，在电话那头，激动地流下了眼泪。

心自芬芳　不将不迎

美国著名临床心理学家哈里特·勒娜博士在新书《婚姻法则》一书中写道：消极等待对方改变只能加速婚姻的毁灭，最好的办法是自己积极行动起来。勒娜博士在书中提到了几点夫妻相处的最佳法则，相信会对已婚和未婚的女性朋友们有所帮助。

法则一：想象你家住着一位客人。已婚人士对待陌生人的态度远胜于对待伴侣。勒娜博士曾接受一对夫妇的咨询，这对夫妻只要单独在一起就会扯着喉咙互相指责。于是，勒娜建议他们的一位同事搬来与他们共住几个月。结果，夫妻俩人变得相敬如宾。就此，勒娜博士指出，想象家中住着一位客人，会让伴侣控制自身情绪的能力大大提升。

法则二：每天最多批评对方一次。随着俩人彼此熟悉的程度加深，赞美的语言越来越少，批评的话却越来越多。没有人能够忍受批评，所以夫妻双方要三缄其口，理想情况下，每天至多批评对方一次。

法则三：牢记"三句话"原则。很多男性都害怕陷入无休止的争吵中。最让男人烦恼的是女人生气时说话的语速、句子的数量和音量。所以调低音量、放慢说话速度，尽量以三句话表达自己的意思。这样做不仅可以避免争吵，而且能提高沟通效率。

法则四：不吝啬随时随地的赞美。我们经常通过赞美的方式鼓励孩子养成好习惯，但却忘了把这一招用到伴侣身上。此外，还可以经常做一些让伴侣感到被爱、被珍惜的事情，如帮对方洗碗、为对方洗脚，等等，这些小事情往往最能温暖对方的心。

法则五：学会聆听。当双方都很放松时，说什么都容易接受。当一方头脑发热或滔滔不绝时，最好的办法就是先静静聆听。

"世界上最遥远的距离，是鱼与飞鸟的距离。一个在天上，一个却深潜海底。"初听这句名言，似乎很让人伤感，但细细想来，夫妻或者情侣之间似乎还是要保持一定的距离，让双方都有独立的空间，让彼此都感觉到温暖与安心。强求、占有、顺从并不是真正的爱情。爱人之间最安全的距离，是要掌握好一个度。爱情没有公式，而是要用心一点一滴地去渗透。

夫妻生活，不可能每一天都是最幸福的一天，但只要在每一天都尽力把能做好的事情做好，就足够了。遇到一个值得相爱的人并不容易，不要老是想要控制或是改造对方。控制与反控制，改造与反改造，强制的东西在婚姻中是不会长久的。尊重自己的另一半，也是尊重自己。敬能生敬，带来良好的意念和可能。夫妻之间，必须用心去呵护、去关爱、去体贴。多一些沟通，多一些包容，多一些了解。只有这样，才能让执子之手，与之偕老的诺言成为现实。

第 7 课　给亲人多一些关爱

1. 血融于水的亲情，无言的爱

有人问，亲情是什么？亲情是生活中最灿烂的阳光，无怨无悔地为孩子奉献光芒；亲情是父母眼角的皱纹，无时无刻不为孩子付出关心和盼望；亲情是黑暗中的一束亮光，让迷途中的孩子找到回家的路。

我们每个人从呱呱坠地开始，就享有了亲情，感受着家的幸福和温暖。也许爱情会因矛盾而变质，友情会随时间流逝而转淡，但亲情不会，人世间最长久的感情便是亲情。一旦失去了温暖的亲情，无论是在多么繁华热闹的地方，你都会瑟瑟发抖。没有了父母之爱，就算拥有了价值连城的财宝，依旧会感觉一贫如洗。

鲁豫就是沐浴在亲情中成长起来的，每当谈起她的父母，她的脸上都洋溢着幸福的笑容。鲁豫的名字很特别，她说这是分别取自母亲和父亲的祖籍，母亲的祖籍是山东，就是"鲁"，而父亲的祖籍是河南,则为"豫"。而家里奉行女士优先的原则,所以就叫"鲁豫"。因为是独生女,从出生开始,父母和家人就对鲁豫格外关爱。但关爱并不等于溺爱,父母对鲁豫的言传身教对她今后的生活和发展起到了重要作用。

尽管父母总是为孩子们无私地付出和奉献,但很多人并不能完全理解父母对他们的爱。当父母日夜操劳,为我们赚取高额的学费时,有多少人正在随意挥霍他们的辛苦钱;当父母出于关心对我们嘘寒问暖时,有多少人因嫌弃他们的唠叨而不屑一顾;当父母想念漂泊在外的子女时,又有多少人以忙碌为借口让他们成为空巢老人。

但鲁豫跟其他孩子不一样,从小她就很少让父母担心。由于鲁豫的父母工作十分繁忙,小时候她经常要跟随父母在北京、上海两地辗转。尽管如此,这却丝毫没有影响到鲁豫,无论是在学习上还是生活上,她一直都是父母心中的"乖乖女"和"好学生"。鲁豫非常理解父母对她的苦心和爱,至爱的双亲教会了她爱的原则,让她拥有健康的心态和温暖的情感,这些都是鲁豫受用终身的宝贵财富。

从小到大父母都是我们最亲的人。每当我们遭受痛苦和坎坷时,只要回到父母的怀抱,就能感受到安慰;每当我们受到非议和委屈时,只要看到父母年迈的身躯,就能有勇气擦干泪水。父母像蜡烛一般不停地燃烧自己,对子女呵护备至、悉心照料,在父母牵挂中

心自芬芳　不将不迎

长大的孩子是多么幸福啊!

当有一天,我们突然意识到父母的脸庞已经变得憔悴,头发已经有些花白,动作也不似以往敏捷,这才发现父母不再年轻了。父母对儿女的牵挂总是比我们想象得要多,而我们却总是忽略对父母的关爱。所以,与其到时候悔恨终身,不如从现在开始多关心自己的父母。

人世间最难报的就是父母恩,以感恩之心孝顺父母是每个子女应尽的义务。当你在工作、学习,又或者是处于人生的某个重要阶段时,即使失去了所有,但是你的亲人是永远在你身边的。亲情,是所有感情中最坚固、最可靠的,家人永远不会背叛你。所以,请你告诉身边的朋友,珍惜与家人相处的每一分、每一秒,不要等到失去了才开始怀念。

2. 父母是孩子的指路明灯

由于父母都是外语系出身的知识分子,鲁豫在他们的影响和教育下,从小便对外语产生了浓厚的兴趣。从上学时获得英语演讲比赛一等奖,一直到现在用流利的英语采访世界各行业的名人,外语已经成为了鲁豫生活中重要的组成部分。而这都要归功于父母对她的深刻影响。

鲁豫的父母是很多家长的榜样，他们给予了鲁豫充分的自由，对她的喜好和选择从不过多干涉。鲁豫曾说，我的父母一直让我按照我自己的意愿、按照我的兴趣来选择我的人生。直到鲁豫长大以后，凡是有关她个人的问题，父母都很少发表意见，他们希望孩子有自由选择的空间。而这正为鲁豫开辟了一条独立自主的道路。

"只要是我做的决定，我父母都是绝对支持的，而且从来不会勉强我做任何我不愿意做的事。"鲁豫的父亲曾告诉她说："到了十八岁，十八岁以前我还会管你；十八岁以后你的人生是你自己的，你自己选择。"就是在这样一个开明、温馨、自由的环境下，鲁豫成长为一个孝顺、自由、乐观的人，这不得不说很大程度上都是父母的功劳。

即便是在考大学选择志愿的时候，父母也很尊重鲁豫的选择，不把自己的意愿强加于孩子身上。后来，鲁豫选择了外语系，与她的个人喜好有很大关系。"如果当时我喜欢考古，我相信父母肯定也会支持我报考考古专业。"时至今日，我们看到电视上的鲁豫永远那么自信、那么随性，恐怕跟从小的家庭环境和教育方式有很大关系。让孩子有自己的判断、自己的选择，并且有承担后果的勇气，这是现在很多家长难以做到的，而鲁豫的父母却做到了这种开放式教育。鲁豫能成长为一位出色的主持人，并且取得这么多的成就，与她依据自己的意愿从事自己喜欢的工作有着密切的关系。

心自芬芳　不将不迎

在她看来,"喜欢做一件事,付出多少都不会觉得是付出,因为喜欢"。

鲁豫的成长经历值得很多父母借鉴。现在有很多家长都不曾意识到"开放式教育"的重要性,他们过多地干涉孩子们的选择,武断地替孩子决定未来。这对孩子来说是十分不公平的,无论他们的年龄是多么幼小,都是一个独立的个体,具有平等的人格和尊严。家长没有代替他们选择的权利,而且要意识到,你们之间的关系是平等的,让孩子从小就树立平等、自主的观念是极其重要的。每一个孩子都有自己的思想、情感和心态,家长们不可能完全体察到孩子内心世界的各种微妙变化,因此,有时候在不经意间就会给孩子造成心理阴影。

正在上中学的新新曾经在日记本上写下这样一段话:自从我上了初中以后,心中就感到十分寂寞和孤单,爸爸和妈妈每天只知道问我的学习成绩,把我关在屋里写作业,看着那堆积如山的作业,我的内心很痛苦。每到寒假和暑假,他们就给我报很多的补习班,数学、英语、历史,等等,好像永远也上不完。我多么想像别的同学一样可以出去玩啊!

像新新的父母这样，不问孩子是否愿意，把自己的意愿强加于孩子身上，让孩子承受超乎同龄人的忧愁和烦恼，是很不利于孩子成长的。这种"霸道的爱"还会造成孩子的逆反心理，滋生心理祸端。很多家长面对叛逆的孩子，都会心有感慨："我这么爱他，一心为他着想，什么都为他安排好了，真是身在福中不知福。"而正是这种想法，才会让孩子的心理负担加重，无法承受家长给他们的"爱"。

情感专家张德芬在《遇见未知的自己》一书中写道："负面情绪是一种能量，尤其对孩子来说，一些天生的恐惧，所求不得的愤怒，失望落空的悲伤，都只是一种自然生命能量的流动而已，它会来，就一定会走。"逼迫孩子接受他们不喜欢的东西，正是造成这种负面情绪的根源。很多孩子面对父母的强势，不敢有所怨言，勉强接受了父母的安排，但他们内心并不愿意。压抑、悲伤、委屈的情绪不能被释放出来，就会像被困在笼子里一般留在身体里，久而久之，就会产生抑郁或者焦躁的危险。

很少有家长能从心理层面给予孩子精神上的满足和引导，更有甚者，在孩子不听话时，采取打骂的方式解决问题，这是极不可取的。家长应该把孩子当作一个平等的朋友，给孩子选择的机会，听取他们的意见，这样才能正确处理好孩子的情感需求，做好孩子们的心灵导师。

3. 家庭教育的重要性

　　有人问，世界上最柔软同时又最有力量的是什么？我会回答，是爱！爱是人性中最耀眼的光芒，爱是深谷里最甘甜的清泉。它如同清澈的小溪顺流而下，不卑不亢、不争不怨。愤怒的指责和无情的嘲讽都不能唤醒沉睡的心灵，而爱则是唯一的救赎。

　　爱家人，是最柔软的情怀。有首歌中唱道："找点空闲，找点时间，领着孩子，常回家看看。带上笑容，带上祝愿，陪同爱人，常回家看看……"每个女人都应该常回家看看，父母给予我们的爱深沉而浓烈，他们爱子女胜过爱自己。

　　我们在陌生人面前彬彬有礼，对不熟悉的朋友客气有加，总是保持着应有的风度和涵养。而对自己的亲人，却从来不考虑他们的感受，想发脾气就发脾气，想摆脸色就摆脸色，因为相信他们对自己的爱，无论我们做什么，他们都会无限制地包容我们的坏毛病和臭脾气。然而，我想说的是，珍惜爱你的家人，给他们尽可能多的温暖，分出一点时间去考虑他们的感受。因为你的愤怒和责怪就好像一把刀，会刀刀割在爱你的人的伤口上。

杰克是家中的长子，从小就学习不好的他长大之后更是一无是处。20岁的时候，家中突发变故，父亲的逝世让整个家庭沉浸在悲痛之中。幸好家人们从父亲的保险中获得了一万美元，勉强维持着生计。

这笔钱对全家来说是个重要的机会，每个人都有着自己的想法。母亲想用它买一所大房子，搬离现在居住的乡下贫民区，到市区去生活。而杰克的妹妹则想用这笔钱开一个属于自己的服装店，这是她长久以来的梦想。而杰克也有自己的打算，他准备与朋友一起创业，所以急需要这笔钱。杰克承诺说，一旦创业成功就可以让家人摆脱贫困，过上好日子。

在杰克的一再要求下，母亲最终同意将这笔钱交给杰克。尽管引来女儿的不满，但母亲还是坚持认为应该给杰克一个机会，因为他从未有过这种机会。

然而，还没等杰克有所作为，便传来朋友卷款潜逃的消息。回到家，失望的杰克感到无法面对亲人，他感到是他亲手毁掉了全家的未来，不但没有

让家人走出贫穷,反而雪上加霜。妹妹也对他愈加不满:"如果不是当初母亲把钱给了你,现在我们已经离开这个贫民窟了,这都是因为你……"妹妹用各种难听的话讥讽、羞辱他,充分发泄她对兄长的鄙夷。

这时,母亲突然插嘴道:"我曾教过你要爱他,你们是兄妹,要互相尊重。"

妹妹仍然不屑地说:"爱他?他已经没有让我爱他的地方了。"

母亲却回答道:"无论是谁,都有可爱之处。你可以爱一只猫、一只狗,难道就不能爱你的哥哥吗?你若学不会这一点,就什么也学不会。你为他伤心过、掉过眼泪吗?我不是说因为他丢失了那笔钱,而是为他这个人,为他所经历的一切。孩子,你应该懂得什么时候去爱人:不是在他们把事情做得很好、让你感到高兴的时候。若是那样,你还没有学会,因为那还不是时候。应当在他们意志消沉、受尽折磨,甚至是准备放弃自己的时候。孩子,衡量别人时,要用中肯的态度,要明白他走过了多少高山低谷,才成为这样的人。"

这就是爱的力量，爱我们身边的人，不管是亲人、朋友，还是陌生人，因为爱让人类得以延续和传承。生活中的我们褪去了事业的光环，人人都是平等的，都需要被人尊重和被人爱。你要想获得爱，让自己变得幸福、充实，不能通过索取，因为索取来的爱不真诚、不永久。只有把爱无私奉献给身边的人，爱也才会源源不断地返回来滋养你。爱永远是相互的，爱别人就是爱自己，与金钱无关、与地位无关，只来自真诚。

"爱"这个字，很少有人会整天挂在嘴边，尤其是对家人的爱。对大多数女人而言，家，是她们最温馨的港湾，几乎承载了幸福的全部含义。家人，永远占据着心底最柔软的地方。那么该如何让父母亲人知道你对他们的爱呢？不妨用行动来表达吧。

（1）做一件从未做过的事

如果你从未夸赞过家人，不要吝啬赞美，夸奖一下母亲的歌喉或者父亲的棋艺；如果你从未下过厨，不妨抽点时间，为家人做一顿晚餐；如果你从未参加过孩子的家长会，不要寻找借口，让孩子感受到你对他的关注……为家人做一件你以前很少会做的事，带给家人的除了意外应该还有惊喜吧！

（2）策划一场特别的旅行

旅行是促进家人交流和增进感情的有效方式。你是否因为工作繁忙很少跟家人旅行？从现在开始制订一份计划，选择一个家人想

去的目的地,做好旅行的准备工作。由你亲自担当导游,带领全家开启一场神秘之旅。在旅行中,尽情地体会当地的风土民情,感受家人之间心与心的零距离接触。

(3) 把父母当孩子宠

老人到了古稀之年就会被称为"老小孩儿",年纪越大,行为举止似乎越像小孩。他们需要家人更多的关心与照顾,害怕孤独,也许会经常给子女们打电话,因为他们希望有人陪伴。所以,像父母照顾你那样照看他们,不要把他们当成负累,尽可能多地呵护他们,毕竟他们能陪你的时间不会很多。

第 8 课　每一次情感经历都是财富

1. 真爱不惧怕时间的考验

鲁豫曾经谈起过她与朱雷的爱情故事，十八年的时间只用了三十几个字概括：我们 13 岁相识，18 岁相爱，21 岁分开，九年后重新相遇，终于明白，什么都不曾改变。我们一生都在寻觅真爱，到底什么样的感情才是真正值得我们付出真心的，或许很多人都不知如何回答。但鲁豫的故事告诉我们，真爱是经得起时间的考验的，当缘分来临或者遭遇坎坷时，要有敢于面对和承受的勇气。

爱情，对有些人来说是"众里寻他千百度"的思念；是"衣带渐宽终不悔"的执着；是"心有灵犀一点通"的默契……然而归根究底，爱情不过就是找一个喜欢的人心满意足地过日子，在柴米油盐中品味幸福的滋味，在家长里短中体会生活的乐趣。

爱情可以不浪漫，却不能不真实；可以不热烈，却要有温度。

心自芬芳　不将不迎

鲁豫在采访廖静文女士时，被她对徐悲鸿的爱深深打动。从廖静文嫁给徐悲鸿开始，徐悲鸿就成了她生命中的主角。在徐悲鸿去世的时候，廖静文只有30岁，很难想象一个女人要如何面对以后漫长而孤独的岁月。但是廖静文并没有感到委屈，她说："如果真的有黄泉，百年之后我和悲鸿能再见面，我要哭着把头靠在他的胸前，向他诉说这五十年来我对他的思念。"这样的感情在浮躁的现实中是多么珍贵，有几个人能不为之动容。

近几年，社会上流行起了一个词，叫作"拜金女"，指的就是那些盲目崇拜金钱、认为金钱价值高于一切的女人。在她们看来，无论是爱情还是友情都以金钱为前提，一旦对方无法在金钱上满足她们，就可以弃置不顾了。

现实中，有很多女性的爱情是建立在金钱上的，她们宁愿在宝马车上哭，也不愿在自行车上笑。不可否认，物质基础在生活中是很重要的，但精神和心灵上的契合更加重要，而这些是再多的金钱也买不来的。

邓颖超女士说："真正持久的爱情，不是一见倾心，因为相互的全面的理解，思想观点的协和，不是短时间能达到的，必须经过相当长的时期才能真正了解，才能实际地衡量双方的感情。"那些在金钱和物质享受基础上建立起来的爱情并不是真正的爱情，没有长时间的沟通和了解，爱情怎会长久？

小米是个崇尚物质的女孩，在她身边的男友一个接一个，不是年轻有为的大老板，就是非富即贵的富二代，她一度沉迷于金钱给她带来的快感中。

然而，小米慢慢地发现她的身边除了名车、名表和名牌衣服以外，一个真正的朋友也没有了。每个新男友对她都是逢场作戏，他们对她说："你跟我在一起不是冲着我的钱吗？"小米无言以对，她开始想念大学时的初恋男友。那时的他们会因为看一场电影、吃一顿必胜客而兴高采烈，会因为对方的快乐而快乐。

后来，小米在工作中遇到了很多帅气多金的男人，她开始向往纸醉金迷的上流社会。于是，她利用自己年轻漂亮的外貌结识那些有钱的男人，抛弃了她的男友。

几年以后，孤独的小米想找回失去的爱情，但她看到的却是初恋男友幸福美满的家庭。他的妻子对小米说："真正的爱情并不需要金钱作为支撑，即使有一天我的丈夫一无所有了，我还是会选择跟他在一起，不离不弃。在这个世界上，不拜金的女孩其实有很多。"

心自芬芳　不将不迎

人的一生中也许要经历很多种感情，不是每份感情都能够修成正果。追求享受、不愿吃苦是人类的通病，为了虚荣而放弃真爱的人比比皆是。然而，夜深人静之时，面对偌大的房间和孤独的内心，那种不言而喻的痛苦恐怕只有自己才能体会。真正相爱的人在一起，不管生活是苦、是甜，心中永远都是开心和幸福的。所以，珍惜我们的感情吧，在喧嚣浮躁的今天，找到属于自己的真爱实属不易，只要真心付出，无论是爱还是被爱都是幸福的。

2. 做个知心爱人

一个幸福的女人不仅要拥有自己的爱好、事业，而且要拥有自己的爱情和婚姻。在漫长的人生中，我们需要有一个思想契合的精神伴侣、一个相濡以沫的知心爱人。

很多时候，男性在社会中的生存压力往往比女性要大很多，工作上的交际应酬、家庭中的费用支出等都让他们喘不过气来，这时他们就需要温柔的港湾——爱人的关心与温暖。聪明的女人懂得如何把握住男人的心，她们理解爱人的辛劳，包容爱人的脾气，给予爱人自由的空间。

夫妻之间如果只有爱情是远远不够的，还需要相互之间的沟通、信任和扶持，才能共同走过四季年华，一同欣赏细水长流。女人是水做的，是柔美和温情的象征，幸福的女人懂得用这种特质去经营自己的情感与生活。每个女人一生所追寻的其实就是心灵的归宿，在找一个能够读懂你的人的同时，你也要学会理解他。彼此之间能成为知己，是你人生最大的幸福，也是你人生精彩的亮点，那将是令人称羡的完美。

人们常说，每个成功男人的背后都站着一个伟大的女人。这句话大概可以说明，女人在男人事业和生活中的重要性。如果你能给予你的丈夫无限的支持、友善的包容和适时的提醒，那么即使他没有获得事业上的成功，在生活上他也一定是个幸福的男人。

信任可以说是婚姻生活最坚固的桥梁。当丈夫遭遇失败或者处于低谷期时，他需要一个能够帮他重新建立自信心的妻子。这种被信任的感觉对他极为重要，如果连他的妻子都不信任他，还会有谁信任他呢？卡耐基的夫人桃乐丝·卡耐基在给女人的忠告中曾提到，有信心的妻子对于丈夫的信任是一种特殊的视觉，她能看到丈夫身上别人看不出来的特质。她不仅在用眼睛看，还用内心的爱去看。桃乐丝以推销员罗勃·杜培雷的故事向我们讲述了信任的魔力。

罗勃·杜培雷一直想当一个推销员。1947年，他的机会来了，他开始推销保险。但是不论他多

么努力，事情都没有什么好转。他有点忧虑——对没有卖出的保险感到担忧。他开始紧张而痛苦。最后，他觉得必须辞职，以免精神崩溃。我面前就有一封杜培雷先生写给我的信，他告诉了我这个故事：

"我觉得我完全失败了，"罗勃·杜培雷写道，"但是我太太桃乐丝，她坚持认为这只是暂时的挫折。'下一次你将会成功，'她不断告诉我，'不要担心，罗勃。我知道你一定会成为一名成功的推销员。'"

罗勃在一家工厂里找到了新的工作，桃乐丝也找到了工作。她要罗勃注意自己的衣着和谈吐。

"在接下去的一年半之中，"罗勃说，"桃乐丝不断地赞美我的美好气质，并且指出我具有适合推销工作的天赋——这是一些甚至连我自己都不知道的才华。如果不是她持续不断的鼓励，我可能已经放弃再试一次的想法了。桃乐丝不希望我放弃。'你具有这种能力，'她一次又一次对我说，'只要你努力，就能够办到！'"

"我怎能违背她对我这么深的信任呢？她成功

地在我身上建立了我对自己的信心。当我离开工厂，重新回到推销工作时，这一次我开始信任自己了——因为我身边有了一个信徒。我仍然有一段很长的路要走。但是，得感谢我的妻子，至少我已经上路了。她已经使我深信，只要我真想实现梦想，我就能够实现。"

只要你对你的丈夫拥有足够的信心，时常鼓励、赞美他，并且下定决心去帮助他实现理想，那么你的婚姻生活一定会幸福美满。一个男人的婚姻生活能不能幸福，与他妻子的脾气和性情有很大关系。一个拥有漂亮的脸蛋和优美的身材的女人，如果她脾气暴躁、喋喋不休，经常挖苦自己的丈夫，那么她的优点在丈夫眼里也会一文不值。许多男人刚刚遇到挫折，他们的妻子就会抱怨、挑剔，甚至向他们泼冷水，从而使他们失去冲劲，更加灰心丧气。像这样的妻子，是不能让丈夫感到幸福和快乐的。

美满的婚姻和幸福的家庭是女人最珍贵的宝物。家里的男女主人公就像筷子一样，谁也离不开谁，而且还要一起品尝人世间的酸甜苦辣，一直到永远。在家庭生活中，只要能用爱心、浪漫和温暖的情怀对待家人，用欣赏的眼光看待配偶，并且能把对配偶的感情和赞赏表达出来，幸福美满的家庭就不难拥有。相反，如果一个女

心自芬芳　不将不迎

人在家庭中充满忌妒、多疑和无休止的唠叨，那么便会不由自主地走入婚姻的困境。

当最初的激情过去后，婚姻所需要的，是相濡以沫的平淡。我们常说婚姻是要经营的，最美满的婚姻，应该是男女双方在无形中建立一种平衡关系，即双方都各自拥有经济基础、人际关系、事业规划等，互为依赖又各自独立。

第 9 课　不忘本心，历练最美的风景线

1. 敢于面对真实的自己

很多时候，我们想活得真实而纯粹，但现实却总是让我们不得不选择虚伪。

做过几百期的《鲁豫有约》，鲁豫面对过各种各样的人物，他们有的是炙手可热的明星，有的是普普通通的老百姓，但每个人都有自己的悲伤和欢喜。鲁豫也曾经感慨过："大家都觉得自己不容易，我原来也觉得自己不容易，现在才发现，别人比我更不容易。"生活本就不易，面对坎坷的道路，不是谁都能坚定信念，用最真实的自己面对人生。

"我没道理把所有经历告诉别人，每个人走自己的路去吧，为自己的生命负责，谁也不能告诉谁怎么走。我吃了那么多苦，然后把这个经验告诉你，让你别走弯路？这是我自己的，我一分都不给别人。"舞蹈家金星在接受采访时说过这样的一段话。在《鲁豫有约》

心自芬芳　不将不迎

众多的嘉宾中,金星可以说是很特别的一个,她从不避讳过去的经历,也不惧怕别人的非议,她把评说的自由交给众人,自己则站在舞台上继续光芒四射。

鲁豫第一次关注金星是在 1996 年,那时金星在北京举办了《红与黑》舞蹈专场。舞台上的金星用她那精湛的舞蹈赢得了众人的掌声,同时也赢得了鲁豫的好感。金星那优雅而妩媚的气质吸引了鲁豫,但是直到 2001 年,鲁豫才真正与金星有了交集。

鲁豫在访谈中问金星:"现在,生活中还有那种异样的眼神吗?你介意吗?"金星淡定地回答道:"我不介意。我已经向生命、向生活要了这么大一份自由,还不把评述的自由给别人?"她言语间流露出的是历尽沧桑的平和与坚强。

现实生活中,我们要面对各种各样的诱惑和挑战、流言蜚语,有多少人能固守内心的力量,忠于最初的真心?要想获得幸福的人生,就要从面对真实的自己开始。然而,要想活得真实,是需要很大勇气的,同时你还要有承担失败风险的魄力。事实上,很多人就是因为无力迎接失败的苦果而选择压抑自己的内心,自欺欺人地过一辈子。尽管很多人都在抱怨生活的不公,理想的遥不可及,但他们却都没有勇气去改变现状,我想,这其中除了人类的惰性,更重要的是他们对未知风险的惧怕。

作家乔伊斯·麦尔曾在一本书中这样写道:我们是独一无二的。

我最近读到的文章说会有百分之二的人不喜欢我们,除了接受事实我们束手无策,只能选择做好自己。如果我们活着总是担心别人的想法,那我们永远不会挑战自己,最终只能放弃梦想。

忠于自己的内心,说起来似乎很容易,然而做起来却很难。我们总是希望得到别人的赞美,而不愿听到批评,久而久之,就会在不知不觉中变成了另外一个人。然而,人只有在真实的时候才会被尊重。

身处传媒界二十多年的鲁豫,从不会为了迎合别人而伪装自己。在访谈时,不论是大牌明星,还是草根平民,她都一视同仁,不卑不亢,不虚华也不浮夸,让嘉宾们娓娓道来。除非是由衷地喜爱,否则鲁豫不会夸夸其谈地赞扬任何一本书、一个人或者一部电影。这在当今浮躁的社会中是极其难得的,坚定地走自己的路,做真实的自己,不被纷乱的世界迷了双眼。女性朋友们,让我们学习鲁豫的真实吧,我们的生活会走向幸福,世界会变得更美好。

鲁豫的与众不同在于,她希望将自己置身于一种纯净的环境之中。她在镜头前与镜头后都不伪装自己,向大家展示最真实的一面。她的成功因她的真诚而更加璀璨、更加耀眼。她不喜欢明争暗斗,不喜欢尔虞我诈,更不喜欢以是非之心对待工作和生活。而这正是她最为可贵的地方,也是人们喜欢她、尊敬她的最主要原因之一。

生活中有快乐,也有悲伤;有成功,就会有失败。该哭时哭,

心自芬芳　不将不迎

该笑时笑，才是最真实的人生。这种纯自然的回归，就像大自然中各种生命的起落沉浮，从不刻意伪装，也不蓄意假装。

做好自己说难不难，说简单又绝非易事。你不要奢望自己成为别人心目中的一个好人，好人难做，你只要做一个真实的人。活得真实，就是要敢于面对自己的真实。其实，所有的烦恼、所有的忧虑都是我们自己虚构出来的，是我们自己想象的结果。直面内心的真实，我们就不会去胡思乱想，就不会去做违背自己良心和道德的事。我们所做的事，所遇见的人，所结下的缘，应该都是顺其自然、自在从容的。

2. 为自己找到合适的定位

人生对于鲁豫来说，就是完成一个又一个目标，跨越一个又一个山峰，生命就在这样永不停息地攀登中变得完美。从央视到凤凰卫视，从照着稿子念的主持人到有了自己品牌的制作人，鲁豫在不断奋斗中完成了自我的蜕变。生活中，我们每个人都有自己的个性和特点、自己的愿望和期待，鲁豫之所以能够成功，就是因为她能够保持自己的本色和优势，并且能够准确地找到了自己的定位。

在生活中的我们，每天面临工作上的交际应酬、情感上的寻寻觅觅、朋友间的聚散离合，等等，是否还能保持自我的本色呢？

太阳之所以能够光芒四射，是因为它冲破了乌云的阻碍；寒梅之所以能够傲雪绽放，是因为它经受住了严寒的考验……光芒四射是太阳的个性，坚毅傲岸是寒梅的秉性，自然万物皆是如此，人亦不例外，只有坚持自己的本色方可独立于世。

有句话说得好，"世界上没有完全相同的两片树叶"，同样的，也没有完全相同的两个人。我们每个人都有与众不同的个性和特点，即使是双胞胎，性格喜好也不尽相同。所以，不要试图去迎合别人，做自己才是最好的选择，才具有强烈的吸引力。

鲁豫深知独特的重要性，尤其是在竞争激烈的传媒领域，只有独树一帜才能吸引观众的眼球，一味地模仿只会让自己淹没在洪流之中。所以，她放弃了想讨好所有人的想法，找到节目的定位和收视群体，树立了自己的形象，再成就自己的品牌。现在，一提起鲁豫，你可能会说，就是那个梳着利落短发的女人，或者是《鲁豫有约》的主持人。

成功学大师卡耐基说过："整日装在别人套子里的人，终究有一天会发现，自己已变得面目全非了。"这句话对女人尤其适用。很多女人羡慕别人的生活、事业、美貌，不惜一切代价想让自己变成别人。为此，她们去整容、去傍大款，抛弃了原本的自我。然而，当她们拥有了这些梦寐以求的东西后，才发现最珍贵的自我早已失去了，留下的只是一个虚伪的假面。

心自芬芳　不将不迎

有这样一则寓言故事：

有个人养了一头驴和一只狗。驴子被关在栏厩里，虽然不愁温饱，但每天都要做着繁重的工作，除了要在磨坊里拉磨，还要跟随主人进城驮运货物。为此，它感到十分不公平，尤其是看到狗每天不用干活，只是跟主人玩耍就能得到奖励，便更加愤怒。

驴子认为，如果自己也能像狗那样围在主人身边，自然也能得到奖励。终于有一天，机会来了，驴子挣脱开绳子，兴奋地跑进主人房间，学着狗的样子在主人身边撒欢转圈。但是由于驴子的体积过于庞大，在转圈的过程中桌子、椅子全被撞翻在地，屋子里边一团糟。驴子还觉得不够，索性趴到主人身上，伸出舌头去舔主人的脸。这下，主人愤怒了，他叫来人，把驴子捆好。还在等着奖赏的驴子被众人拉回了栏厩里，还遭受了主人的一顿痛打。驴子感到十分委屈，因为它无论如何也不明白，为什么同样的举动，狗就能得到奖励，而自己却被主人责罚。

这就是所谓的"东施效颦"，同样的姿态和举动，模仿别人不但不会得到人们的喜爱，反而会被认为是忸怩作态，从而贻笑大方。每个人都有各自的特点，都有适合自己的定位，也有适合自己的工作，与其盲目模仿别人，不如专心致志干好自己的本行。

爱迪生也曾说过："羡慕就是无知，模仿就是自杀。不论好坏，你必须保持本色。虽然广大的宇宙之间充满了好东西，可是除非你耕作那一块属于自己的田地，否则绝无好的收成。"

所以，请你谨记，你是独一无二的，即使是缺点也无须感到羞耻，因为这是上天赋予你独特的地方，不必介怀，反而应该坦然接受。自然的东西才具有个性，才能与众不同。正因为这种不同，才造就了这个多姿多彩的世界，也才成就了不同姿态和不同风格的美。尽情地享受自己的生活，感悟自己特别的幸福，领悟做自己的快乐，这才是生活的真谛。

第10课　爱情不是全部，友谊却可长存

1. 友情是人生的储蓄罐

　　一个女人，无论她在事业上有多么优秀的成绩，在家庭中生活得多么幸福，她都需要有自己真正的朋友。朋友的存在，让她在悲伤时有人安慰，快乐时有人分享，分担不能与家人诉说的心事。

　　待人亲切的鲁豫很幸运地拥有很多朋友，但其中感情最深厚的当属同为主播的许戈辉。鲁豫与许戈辉的关系更确切地说应该称之为"闺密"。"闺密"之间的关系在现在看来似乎要比朋友更进一步，这种感情是只有同性之间才能明白和理解的。

　　鲁豫与许戈辉是同一年来到香港的，那时凤凰卫视刚刚成立不久，一切都还在起步阶段。或许因为同是北京姑娘的原因，她们俩人很快就熟识了，一起工作一起娱乐，建立起了铁杆友谊。由于初来乍到，人生地不熟，鲁豫和许戈辉便住在了一起，为了彼此之间能够有个照应。在单位时，她们是工作上的伙伴，相互帮助、相互

影响；晚上回家，她们则是无话不谈的闺中密友，从吃喝玩乐谈到情感生活，从工作目标谈到人生理想。

由于香港地区寸土寸金，而"凤凰"又没有员工宿舍，鲁豫和许戈辉只能租住普通公寓。但她们个性相近，又都是能够相互迁就、相互忍让的人，在每天的嬉笑怒骂中，鲁豫和许戈辉度过了很长的一段"同居时代"。有一次，鲁豫从加拿大度假归来，迫不及待地向许戈辉介绍她朋友的房子，说道："那是一个高档住宅区，两层独立小楼，还带一个大花园，售价折合人民币150万元，在香港，还买不到公寓的一半。可它的衣橱，比我现在的卧室还大！"看鲁豫说得天花乱坠、心驰神往的样子，许戈辉笑着安慰她道："等我以后发奋到加拿大买下这幢洋房，一定请你每天晚上抱着枕头到我的衣橱里来睡觉。"

很多人可能不知道，与同性友人保持亲密的关系，有助于女性减少焦虑和孤独，同时可以使自己更加平和安定。女性朋友是对方最好的心理医生，只有女人才真正了解女人，能够明白对方内心真正的需求和想法。

鲁豫性格随和，为人处世云淡风轻，而许戈辉则是简单直接，对待大小事务上粗中有细。有一段时间，她们俩人竟然过起了吟风弄月、舞文弄墨的文人雅士生活。

初到"凤凰"之时，工作尚算清闲，许戈辉空闲时就会买来笔墨纸砚，完成自己的大作。每次创作极为认真，摇头晃脑颇为陶醉，

心自芬芳　不将不迎

但当她完成后却无人问津。直到有一天,许戈辉在画完一幅画之后,用手捂住标题,让鲁豫猜测她画的是什么。画上是一堆红红绿绿的色块,又画了几个广告牌。鲁豫看了一会儿说:"是'东方之珠'吧。"许戈辉将手移开,只见标题写的是"香港印象"。

还有一次让许戈辉对鲁豫更有惺惺相惜之感。她那次的画作十分抽象,一般人实在看不出来画的是什么:画的左上角有一株桂树,几道洒脱的线条代表衣袂飘飘。画好后许戈辉先是请了一位外国朋友看,那人琢磨半天之后,露出欣赏的神情,赞叹道:"画得太好了,是一串带叶的香蕉吗?"听后许戈辉期待的表情瞬间变为失望,捂住标题去找鲁豫。鲁豫看着画作,沉吟良久,终于开口说:"该不会是'月下独酌'吧?""啊,"许戈辉的心都提到嗓子眼儿了,听了鲁豫的话大为舒心,移开手说,"是'把酒问青天'。"几次三番之后,许戈辉更是把鲁豫奉为知音,颇有些肝胆相照的意味。而鲁豫每每看到许戈辉的"大作"便要大加赞美一番,甚至还拿到她的节目《音乐无限》上做了一番展示,这让许戈辉得意许久。

可以说,朋友对我们所有人来说都非常重要,如果在生活中我们找到一个真正的朋友,我们会非常开心。身体上的疾病可以用药物来治疗,但是心灵上的伤口,却只有朋友的关爱才能愈合。如果没有朋友,谁又能时刻保持愉快的心情呢?朋友让你快乐,倾听你的烦恼,并给你提出建议。一个真正的朋友能和你同甘共苦,所以,感激帮助我们的人，正因为有了他们，才能使我们渡过一个又一个的难关；感激关怀我们的人，因为他们给予我们温暖；感激鼓励我们的人，因为他们赐予我们不断前进的力量。

2. 结交正能量的朋友

培根先生有句名言："缺乏真正的朋友是最纯粹、最可怜的孤独；没有友谊的人生则不过是一片荒野。"人生在世，身旁能有一个使我们的生活变得更美好的朋友已经很难得了，而鲁豫很幸运，除了许戈辉以外，她还有一个异性知己——窦文涛。

作为凤凰卫视的资深主持人，窦文涛同鲁豫一样也是1996年来的香港。尽管与鲁豫和许戈辉共事多年，但三人一直都是工作上的伙伴，丝毫没有擦出情感的火花。窦文涛曾经这样形容过三人的关系："和你们俩在一起，就像左手摸右手，一点感觉也没有。"

虽然鲁豫与窦文涛之间不曾有过罗曼蒂克，但窦文涛却总能在鲁豫面临选择和犹豫时为她指明方向。这样的友谊很是难得，女性在职场中承受的压力比男人要大很多，即使她们内心脆弱，但表面却还要强装坚强。正因如此，在工作中面临问题时，很多时候需要一个精神上的支持者，而父母或者丈夫也许并不能给她们合适的建议。这时，异性朋友发挥了极大的作用。他们可以站在男人的角度

心自芬芳　不将不迎

为女性们提出见解，并且他们不会像男友或者丈夫那样霸道地要求女人应该如何去做，而是悉心地为她们分析，倾听她们的诉求。

鲁豫在接手《凤凰早班车》节目之初，也曾犹豫不决过，一是因为觉得自己没经验，二是认为时间段并不有利。于是，她想到了窦文涛，认为他可以帮自己拿个主意。

"你得帮我出出主意。"鲁豫直截了当地对窦文涛说，"你说，我能不用稿子，把新闻说出来吗？"

知道鲁豫为何事而烦恼后，窦文涛思考了一下，回答道："当然可以啊！"

"可是，万一我说不下去了，没词了，怎么办？"鲁豫还是有些担心。

此时，窦文涛一脸轻松地说道："慢慢说呗！就像你现在和我聊天一样，也没有稿子，不是说得挺好的吗？再说，咱们哪一次直播是有稿子的呢？"

鲁豫仍旧不放心："那不一样啊！直播的时候通常是咱们两个人，都处于平常自然的说话状态，说错了也很容易纠正，不会觉得尴尬。做新闻可不一样。"

窦文涛安慰她说道："有什么不一样的。你跟观众聊不就得了。"

鲁豫皱眉问道："那，观众不烦啊？万一我说得啰唆了怎么办？"

"语言精练点，你绝对没问题。"窦文涛鼓励道。

听了窦文涛的这番话，鲁豫好像一下子来了精神，先前的烦恼也随之消散，反而有了一种起跑前的兴奋和冲动。后来的事实证明，鲁豫是有能力做好这档节目的，如果没有窦文涛的鼓励与支持，恐怕她面对这次机会还要迟疑许久，甚至是错过。

杨澜建议女孩到了二十几岁后，就要开始有目的性地去选择朋友。她认为，社会中的人脉非常重要，而你选择加入的朋友圈也会对你的人生有着很大的影响，如果你的朋友都是一些积极向上的乐观的人，你也会被他们感染；如果你的朋友是一个悲观主义者，整天只知道抱怨生活，却不会脚踏实地地工作，时间久了，你同样会被感染。人在选择朋友的时候很重要，有时候如果想了解一个人，也可以从他的朋友是什么样的人来了解他的为人。要注意选择跟什么人交朋友，不要轻易盲目地交朋友。

有这样一则故事，告诉我们什么才是真正的友谊。

两个朋友在沙漠中行进，在旅途中他们发生了争吵。其中一个人打了另一个人一记耳光，被打的人觉得受辱而一言不发，于是在沙子上写下了一行字：今天我的好朋友打了我一巴掌。他们继续往前走，到达了海边决定停下来。被打的人差点掉入海中淹死，幸好被朋友救了起来。被救起后，他拿了

心自芬芳　不将不迎

一把小刀在石头上刻了一句话：今天我的好朋友救了我一命。他的朋友问他："为什么我打了你，你要写在沙子上，而我救你则要刻在石头上？"这个人回答道："当被一个朋友伤害时，要写在容易忘记的地方，风会抹去它；而如果被帮助，我要把它记在内心深处，那里任何风都吹不走它。"

好的朋友不但可以给你带来积极的力量，还可以令你敞开心扉，进行自我激励，增强自信心。换一句话说，就是你需要找一个热心的朋友进行自我鼓励，就像鲁豫与窦文涛一样。

3. 交友要掌握分寸，保留一丝距离

人人都需要友谊，没有人能独自在人生的海洋中航行。我们需要别人的帮助，也给予别人帮助。朋友的重要性是不言而喻、显而易见的。每个人都需要朋友，每个人都离不开朋友。

有研究表明，友谊是健康的良药，没有朋友的人生活会缺少很多乐趣，从而降低生活质量。当你感到孤独无助或者工作困窘，难以调节自己情绪的时候，就显示出了朋友的重要性。有学者发现，在这种情况下，有朋友陪伴并且与之倾诉的人比独自一人面对的人

能够更快地走出心里阴霾。在我们人生的很多时刻，无论是欢喜还是悲伤，朋友都是不可缺少的一部分。

《伊索寓言》中有这样一则故事：

> 两个好朋友结伴同行，忽然迎面遇上了一头熊。其中一个人飞快地爬上了树，并用树枝将自己掩藏起来。另一个人眼看自己逃脱不了了，情急之下就顺势往地上一躺。熊用鼻子把他从头到脚嗅了一遍。这人屏住呼吸，一动也不敢动，假装死人，因为据说熊是不吃死人的。
>
> 果然，熊掉头走掉了。树上的人下来后问他的朋友："熊在你耳边跟你说了什么？"
>
> 对方回答说："熊告诉我，以后别再和遇到危险只顾自己逃命的人同行了。"

这则故事就是告诉我们患难见真情，只有在危急关头才看出谁是你真正的朋友。

于丹在《<论语>心得》中指出，月满则亏，水满则溢，和朋友相处也即如此，过远则会生疏，过密又会变质。这就是说，要保持一个合适的度，才能和平友好地相处下去。有道是，天下大事，分

心自芬芳　不将不迎

久必合，合久必分。交友亦是如此，如果俩人过从甚密，彼此之间毫无距离，那么就离心生间隙、分道扬镳不远了。距离太近往往会发现对方更多的缺点，即使开始可以容忍，时间长了，必然会引起不满，到时候友情也就面临着极大的考验了。

人在工作和生活中是离不开朋友帮助的，但朋友之间如何相处着实是值得探究的。即使是最亲近的父母、爱人也不是无话不谈的。所以凡事不必尽善尽美，"花未全开月未圆"，这才是最好的境界，也正是保持良好朋友关系的最高境界。

生活中，有一些朋友可以在你迷茫无助的时候为你指点迷津，甚至可能帮你改变命运；有一些人却恰恰相反，他们在你得意时趋炎附势，与你称兄道弟，而在你落魄时，则落井下石、避之不及。这样的两种人，哪一种才能称得上真正的朋友呢？答案不言而喻，真正的朋友就是互相信任，互相尊重，在关键时候能义无反顾地帮助你的人。

朋友的相处之道，最重要的就是尊重和宽容。所以，即使是再要好的朋友也要保持一定的距离，玩笑不要开得太过分，否则对方受到了伤害，你还一无所知。两个人在一起时，不可避免会有一些小的磕绊和摩擦，但不要过分计较，宽容对待感情就会更持续。

俗话说，退一步海阔天空，这并不是一句空话，不管是做事还是为人都极为适用。我们退一步并不意味着我们屈服，也不代表着我们害怕，相反这是一种尊重、一种珍惜、一种成熟。

幸福绽放 — 你的与众不同,他人无法效仿

CHAPTER THREE

第 11 课　选对自己的舞台

1. 发现语言天赋

　　每个人都希望并可能获得成功，然而成功的路却往往不同，成功者常常不在于他们能力的多样化，而在于他们找到了自己的优势，并充分发挥了自己的优势。人生不是漫无目的的旅行，不管什么阶段总要为自己设定一个目标，并且为之努力奋斗。成功的人并不是因为上天特殊的眷顾，他们没有三头六臂，与一般人没有两样，但是他们找到了自己的优势，并且利用优势让自己一步步走向成功。鲁豫就是如此，她曾坦言，自己之所以能够取得如此大的成就，很大的原因是自己及早地认清了自身优势，并且将其运用在工作和学习中。

　　说起鲁豫发现自己的优势，要从小学时代开始。由于父母工作的关系，鲁豫小时候基本是北京、上海两地往来。这也造成了她经常在普通话和上海话之间游走的习惯。而这种语言上的差异并未给鲁豫造成困扰，相反还让她觉得习以为常，再自然不过了。

鲁豫的父母都是学外语出身的大学生，从小她就听父母说外国话，起初是好奇，后来逐渐演变成了兴趣。于是，鲁豫小小年纪就立下了志愿，长大以后学习外语，说一些让别人听不懂的话。从学习 ABC 开始，到用 26 个英文字母拼写单词，鲁豫逐渐挖掘出了自己的优势。渐渐地，英语顺理成章地成了她生活的一部分。

在暑假期间，鲁豫还利用周末的时间参加英语角的学习活动，与更多热爱英语的人一起练习英语。在英语角，每次都会有很多各行各业的人来练习英语，谁的英语好，谁就是大家关注的焦点。很多时候，那个身高 150，梳着长长的马尾辫的小姑娘都是众人围观的对象。她用所学的单词和句式流利地向大家做自我介绍："我叫陈鲁豫，是北京师范大学实验中学初一的学生。我们学校是北京市著名的重点中学。我的爸爸妈妈在中国国际广播电台工作……"很快，这个会说英语的小姑娘就成为了英语角的"小权威"，自此以后，鲁豫对自己的语言天赋更是充满自信。

有一个 10 岁的小男孩，在一次车祸中失去了左臂，他很想学柔道。后来，小男孩拜了一位日本柔道大师为师，开始学习柔道。他学得不错，可是练了三个月，师父只教了他一招。小男孩有点弄不

心自芬芳　不将不迎

懂了，他终于忍不住问师父："我是不是应该再学学其他招数？"师父回答说："不错，你的确只会一招，但你只需要这一招就够了。"小男孩并不是很明白，但他很相信师父，于是就继续照着练了下去。

几个月后，师父第一次带小男孩去参加比赛。小男孩自己也没有想到，居然轻轻松松地赢了前两轮。第三轮稍稍有点艰难，但对手很快就变得有些急躁，连连进攻，小男孩敏捷地施展出自己的那一招，又赢了。就这样，小男孩迷迷糊糊地进入了决赛。

决赛的对手比小男孩高大、强壮许多，也似乎更有经验。有几次小男孩显得有点招架不住，裁判担心小男孩会受伤，还打算就此暂停比赛。然而他的师父不答应，坚持说："继续下去！"

比赛重新开始后，对手放松了戒备，小男孩立刻使出他的那招，制服了对手，由此赢得了比赛的冠军。

回家的路上，小男孩和师父一起回顾每场比赛的每一个细节，小男孩鼓起勇气道出了心中的疑问:"师父,我怎么就凭这一招就赢得了冠军呢?"

师父答道:"有两个原因:第一,你几乎完全掌握了柔道中最难的一招;第二,就我所知,对付这一招唯一的办法就是对方抓住你的左臂。"

所以小男孩最大的劣势变成了他最大的优势。

不管是鲁豫,还是这个小男孩,他们的成功之路告诉我们,只有善于发现自己的优势,培养自己的优势,发挥自己的优势,才能到达成功的彼岸。当你发现自己在做许多事情时充满了烦躁情绪,需要不断地说服自己去接受;而在做另外一些事情时,却几乎是自发的,不用思考就本能地想去完成这些事情,这就是你的优势所在。

所以,细心的人会在日常生活和工作中寻找自己的优势。留心一下自己喜欢的是什么,我们很喜欢做的事往往就暗含着我们的兴趣点,花几分钟去思考一下你真正喜欢做的是什么,找出能增加你经验的重要因素。你喜欢自己拥有的哪些品质呢?你喜欢自己身上的这些品质特点往往也暗示着你个人的优点。比如,你喜欢自己坚持完成目标,并一直付诸行动的特点。尤其是当事情变得棘手的时候,你的优点就会变成坚持做完这件事的决心。你所赞同的是你的哪些优点?看一看你所列出的优点,观察一下是哪些优点让你脱颖

而出。我们通常都向别人展示出这些优点，而这些优点正是你与众不同之处。

2. 确立奋斗目标

有位哲人曾经说过："没有行动的愿景只是迷梦，没有愿景的行动只是消磨。唯有两者合而为一，生活才会美好。"鲁豫能成为家喻户晓的主持人并非偶然，这离不开她一直以来对梦想的追寻。即使有过低谷，有过创伤，她都不曾放弃，始终坚信希望在自己手中，没有什么能击垮她。因为只有你自己才能看到自己未来的景象，也只有通过自己的努力才能实现梦想。

1979年，有人在哈佛大学工商管理学院的研究生中间做了一次调查，问题是：你曾写下过自己的目标并为之努力过吗？百分之十三的人坦言自己虽有理想，但没有写下来过。十年后的1989年，在同样的那些人中，当初怀有理想的同学中成功的概率是其他根本没有目标的同学的两倍。更令人惊奇的是他们中间写下自己目标的人成功的概率的是其余人的十倍。

从鲁豫开始下定决心学习英语，到她立志成为一名受观众喜爱的主播，每一阶段她都有着明确的目标，并且按照自己的目标前行。或许在前行的道路上，她也曾因为失意而彷徨，因为困窘而灰心，但短暂的犹豫过后，她还是坚定了信念。因为她始终坚信，希望在自己手中，只有自己才能把握未来。

人类被赋予的最好的礼物不是金钱和名利，而是对未来的希望。希望是内心的呼唤，可以超越一切有形或者无形的界限。它使你走入内心的自由空间，让你积蓄力量去探寻未知的世界。鲁豫今天收获的一切都是来自往日确立的目标。

每个人都应该有明确的目标和信念，并且一定要坚持将所想变成所做。或许鲁豫不曾想过会有今天的成就，但她心中的愿景的确支持了她创造更美好的生活。

上学时代，鲁豫参加北京市英语竞赛获得第一名，还未毕业就进入了中央电视台当主持人，二十几岁加盟凤凰卫视，成为《鲁豫有约》的主持人，并主持《音乐无限》《音乐发烧友》和《神州博览》节目。从那时起，她开始了自己的传媒事业，梦想之门就此打开。她的节目收视率和口碑在诸多排行榜中名列前茅，领导的肯定和观众的喜爱使其成为了电视台的金牌节目。也许她没有卓越的政治才能，也没有过人的艺术天赋，但她在自己的道路上朝着梦想进发，从不曾停歇，也不曾犹豫，最终成就了精彩的人生。

1984年，在东京国际马拉松邀请赛中，夺得冠军的是一位名不见经传的日本选手山田本一。赛

心自芬芳　不将不迎

后,有记者问他是凭什么取得如此惊人的成绩时,他只回答了一句话:凭智慧战胜对手。这样的答案在一些人看来不免有些故弄玄虚。众所周知,马拉松比赛是体力和耐力的较量,不像短跑项目要考验选手的爆发力和速度,只有耐力强、身体素质好的人才有望夺冠。而山田本一却说是凭借智慧,令人颇为不解。

两年后,山田本一代表日本参加了意大利国际马拉松邀请赛。这一次,他又获得了比赛的冠军。对于夺冠经验,他还是那句话:凭借智慧战胜对手。

那么,山田本一所说的智慧到底是什么呢?十年后,在他的自传中,这个谜题终于被解开了。山田本一在自传中这样写道:每次比赛之前,我都要乘车把比赛的线路仔细地看一遍,并把沿途比较醒目的标志画下来,比如第一个标志是银行;第二个标志是一棵大树;第三个标志是一座红房子……这样一直画到赛程的终点。比赛开始后,我就以百米的速度奋力地向第一个目标冲去,等到达第一个目标后,我又以同样的速度向第二个目标冲去。四十多公里的赛程，就被我分解成这么几个小目标轻松地跑完了。起初，我并不懂这样的道理，我把我的目标定在四十多公里外终点线上的那面旗帜上，结果我跑到十几公里时就疲惫不堪了，我被前面那段遥远的路程给吓倒了。

事实上，当人们的行动有了明确目标，并能把自己的行动与目标不断地加以对照，进而清楚地知道自己的行进速度和与目标之间的距离，人们行动的动机就会得到维持和加强，就会自觉地克服一切困难，努力达到目标。

你的短期目标是什么？令你激动欣喜的又是什么？找到心中所向往的，然后记下来并为之努力。

为了梦想而不遗余力，奋起直追。不要过多地考虑最终能达到的成果，当你竭尽全力为之奋斗之后，自然能够坦然面对成败。在现实中，我们做事之所以会半途而废，这其中的原因，往往不是难度较大，而是觉得成功离我们较远，确切地说，我们不是因为失败而放弃，而是因为倦怠而失败。在人生的旅途中，我们稍微具有一点山田本一的智慧，一生中也许会少许多懊悔和惋惜。

第12课　女人要有事业心

1．抓住机遇，迎接挑战

有一些人总是感叹别人的成功，而自己却总是碌碌无为，他们很少去思考他人为何会成功，只会一味地埋怨上天不公。事实上，当机遇已经摆在他们面前的时候，他们忽视、放弃了上天赐给他们的礼物。这些人缺少了面对机遇的准备和敏感，与机遇失之交臂而不知。相比他们而言，那些一直在努力着、奋斗着、等待着的人们，他们已经具备了接受机遇的能力，能够将其牢牢地抓在手中，打开成功的大门。

鲁豫在其自传《心相约》中曾提到她初次主持《凤凰早班车》的经历，那是一档让人耳目一新而又充满挑战的节目。那时的鲁豫正在主持《音乐无限》栏目，轻松活泼的节目风格似乎与后来鲁豫主持的新闻类节目相去甚远。有一天，领导把鲁豫叫到办公室，问她是否愿意做公司新开的一档晨间新闻节目。鲁豫听后先是一愣，在短暂的思考之后,她回答说要考虑几天。

这档节目就是后来的《凤凰早班车》,就节目性质而言,这是与鲁豫之前主持的娱乐节目大相径庭的,从风格到形态都有很大区别,不得不说是对鲁豫的一个挑战。与此同时,鲁豫深知,清晨对于新闻节目来说并不是黄金时间,很少有主持人愿意接手这一时间段。但最后,鲁豫还是自信地接下了这档节目,她对自己说:"不如,去做新闻吧。"她想通过转型让自己的能力和水平达到一个新的高度。

在正式录节目之前,鲁豫为了让自己表现得更好,事先演练过很多次。早晨她去报摊买了许多张报纸,认真地看着每份报纸的重要新闻,"读报"成了演练时的重点项目。1998年4月1日,《凤凰早班车》正式开始播出,这天早晨,鲁豫4点多就来到了公司,开始着手准备工作。演播室的大门敞开着,编导和节目组人员各自忙碌着,毕竟是首播,大家心里都有些忐忑。而此时的鲁豫尽管也有些紧张,但仍旧自信地认为自己能做好这档节目。很快,7点30分钟节目正式开始,鲁豫以最佳的状态走入直播间,精彩地完成了她的首场亮相。和期待中的一样,鲁豫淡定、平和的主持风格和"说新闻"的主持方式,赢得了观众的喜爱和好评,《凤凰早班车》也成为了开创性的新闻类节目,在中国电视史上占有重要位置。

古语有云:"机不可失,失不再来。"其实在我们的人生中时时

心自芬芳　不将不迎

刻刻都充满着机遇,所谓"时势造英雄",很多人正是因为在关键时刻抓住了命运的馈赠而取得了辉煌的成绩。

　　法国著名的幻想小说家凡尔纳18岁时,还在巴黎学习法律。有一天,他参加了一个上流人士的晚宴。当他从楼上向下走时,童心未泯的凡尔纳像个孩子一样握住楼梯的扶手向下滑,由于重心不稳,他撞在了另一位宾客身上。而这位微胖的宾客就是闻名遐迩的作家大仲马。因为这次意外,同样对文学充满热情的凡尔纳与大仲马相识了,并且成为了好朋友。凡尔纳抓住了这个不是机遇的机遇,走上了文学创作之路,成为了法国的"科学幻想之父"。

　　倘若当初凡尔纳与大仲马相撞后,仅仅是一句道歉就匆匆离开,没有进一步攀谈,相信凡尔纳只会继续当一名默默无闻的律师。由此可见,能否成功地抓住机遇对一个人是多么重要。当机遇降临时,如果你能好好把握住,就等于为自己的命运开辟了一片崭新的天地。

　　机遇对每个人都是公平的,但不是每个人都能把握住它。有些人抓住了,有些人抓不住;有些人发现了,有些人茫然无知;有些人在不断创造机会,有些人在苦苦等待机会。其实,机遇是可以创造的,它只眷顾勤奋努力、持之以恒的人。让我们做一个机遇的创造者,抓住自己命运的绳索,攀向人生的巅峰。

2. 将团队的力量拧成一股绳

《鲁豫有约》开播至今已经有16年之久，这样骄人的成绩在谈话类节目中少之又少。一档成功的节目，除了优秀的主持人之外，其幕后的整个团队也是十分重要的。当观众看到荧屏上的鲁豫与嘉宾促膝长谈时，演播室的工作人员正在紧张而忙碌地记录着每一个精彩瞬间；当鲁豫凭借《鲁豫有约》屡获殊荣时，我们往往忽视了幕后人员为之付出的辛勤汗水。

一滴水只有融入了大海，才能拥有激起巨浪的力量。而鲁豫就是融入大海中的水滴，她的成功也与团队共同的努力是分不开的。

美国通用电气的前CEO杰克·韦尔奇曾经这样说过："我喜欢富有团队意识的员工，因为在一个办公室或一个公司中，几乎没有一件工作是一个人就能够独立完成的。大多数人只是在高度分工中担任一部分工作。只有依靠部门中全体职员的相互合作、互补不足，工作才能顺利进行，才能成就一番事业。"

耶稣能够建立自己的教派并成为世间最伟大的人，靠的是他的信徒帮助他传播了福音。一些最伟大的企业家也是通过好的团队才功成名就的。鲁豫也不例外，她早已认识到集体的力量，并且积极地让自己融入到集体中去，也因此能够一直保持不败之地。

心自芬芳　不将不迎

麦瑞斯·梦露博士在其著作中写道：若想成功，我们需要他人……我们生来不是靠一个人的力量实现理想的。鲁豫深知，她作为一名主持人，没有撰稿人、摄像师、导播等人的帮助，是无法自己完成一档节目的。每一期呈现给观众的节目都要经过许多人的努力协作。如果没有这些人员，自己纵然有再高超的主持能力、再完美的录制计划，也是徒劳。只有当所有人团结在一起，在各自的岗位上充分发挥作用，节目才能够顺利录制完成。

然而，只有一个团队是不够的，作为核心人物的鲁豫还要对其倾注信任，完全相信自己的团队。在每一期节目录制之前，鲁豫广泛地听取节目策划人员的意见，与他们一起探讨选题的可行性、预期节目效果，争取做到每一个环节都万无一失。

麦克·默多克说过："高傲不会得人心，唯有谦卑才能使人自省。"鲁豫正是相信自己的工作伙伴，才能谦逊地听取并接受每个人的意见，而他们也不曾让鲁豫失望，节目一次次的高收视和好口碑就证明了集体的力量是强大的。可以说，失去团队的鲁豫是不可能有今天的成就的。毕竟，她不能一人身兼数职，在主持的同时完成导播、灯光、场记等多种工作。无论如何她只是一个主持人，而其节目长期以来的巨大成就恰恰来源于个人和团队努力的集合。

有人说，没有成功的个人，只有成功的团队。的确，一个人的力量终究有限，而一个团队的力量却是无穷无尽的。这正如木桶定律所显示的道理一样，木桶的最终储水量，不仅取决于木桶的使用状态，还取决于木板之间的相互配合。只有所有的木板都达到最大的长度，木桶的储水量才能达到最大。因此，一个团队，如果没有良好的团队配合意识，不能做好互相的补位和衔接，力量也不能发挥到最大。一个人的能力再大也是有限的，即使在某些方面取得了成就，也不如一个完整的木桶、一个优秀的团队所取得的成果惊人。

在鲁豫的团队中，每个人都在最大限度地发挥着自己的作用，他们以鲁豫为中心，共同努力、共同进步。因为他们深知在一个优秀的团队里，队友之间的配合比个人的能力更加重要。无论在生活中还是工作中，团队里的每个人都应该彼此相互信任，这是大家合作的前提和关键，如果彼此之间缺乏信任，那这个团队则很难取得成功，因为他们没有相互合作的精神，更没有信任、责任和真诚可言。

鲁豫深知团结就是力量，团队的力量是无穷大的。无论是一个公司还是一个部门，都必须要把员工团结起来，这对于企业的发展是至关重要的。企业的成功不能只靠一个人的努力，必须要依靠企业中所有员工们的共同努力，一个人无法实现的成就和梦想，一个人花费很长时间完成的事情，大家团结起来就会达到更好的效果。同时，这也能给企业带来更多意想不到的效益，因此，在企业中必须重视团队的力量，作为员工必须全心全意、精诚合作，站在团队中才能看得更高、走得更远。

第 13 课　舍得之间，笑对人生得与失

1．光辉下的冷静

对于一个刚毕业的大学生来说，能够进入电视台当主持人是梦寐以求的事情。上天似乎特别眷顾这个名叫鲁豫的女孩，大学还没毕业，她便成为了中央电视台《艺苑风景线》的主持人，随后还获得了"中央电视台最受欢迎的十大节目主持人"的称号。

和别人身处荣誉中的骄傲和兴奋不同，在别人艳羡的目光中，鲁豫却有着对自己未来的考量。多年以后，当有人问起鲁豫，为何在光芒四射的时候选择离开央视这个大舞台时，鲁豫是这样回答的："那段时间里，我其实充满了矛盾，常常觉得看不到发展的空间。因为那个节目给主持人留的空间比较小，而给编导留的空间比较大一点。我明白自己还有很大的能量可以发挥，所以只有选择离开。"

一个年轻女孩，刚参加工作不久就获得这样的殊荣，应该感到极大的自豪，但鲁豫却从荣誉背后看到了其他东西，她的道路不能

止步于此。于是,鲁豫做出了一个超乎常人的大胆决定——放弃工作,出国留学。之所以做出这个决定,鲁豫也有自己的思考:"出国对我来说,并非为求一个怎样的学位,而是想学会用一种国际化的眼光和角度,来看待很多事情。当视野开阔了以后,我开始学会运用比较先进的思维方式和工作方法。"

在美国的留学生活,给鲁豫带来了全新的体验,从节目的选题策划到编排制作,都让她感受到不同于国内的环境和氛围。"美国的媒体竞争非常激烈,他们的制作方式和创意,都是最先进的。这一年,是我这一生中看电视最多的一年,对我日后做电视节目的影响非常大。"虽然只有短短的一年,但这次的留学经历为鲁豫的电视事业开辟了新的领域。

鲁豫就是这样不断地探索着属于自己的新天地,并在这片新天地中成就一番作为,然后继续前行。生命的价值或许就在于此,没有人能够预测未来的命运,开拓者会朝着理想前进,即使踩在荆棘、泥泞上,也充满着欢乐。

不安于现状,不甘于平淡,这就是鲁豫骨子里的特质,也是支持她勇往直前的动力所在。现代社会给予了女性更多的权利与机会,她们不再像在封建社会中那样墨守成规、尊崇"三从四德",而是有了独立的思想意识。因此,她们渴望突破自我,渴望有自己的理想和事业,这种成就在极大程度上提升了她们的幸福感。

心自芬芳　不将不迎

一位中国留学生初到澳洲，历尽艰难终于找到一份工作，面试成功后主管问他："你有开车的经历吗？这份工作需要你经常开车。"为了不错失这份工作，从未摸过方向盘的他不假思索地回答："有，我会开车。"主管微笑点头说："那好，四天后你开车来上班。"四天后开车上班，对于一个从未开过车的人来说简直是天方夜谭，但这位中国留学生做到了。他借钱买了一辆二手车，第一天跟人学车，第二天摸索练习，第三天歪歪斜斜地开车上了路，第四天竟开着车去公司报到。今天，他已是"澳洲电讯"的业务主管。

这位中国留学生之所以成功，是因为他有着勇于尝试、敢于尝试、乐于尝试的精神。想象一下，如果连尝试也不敢，还能谈什么成功呢？可见，勇于尝试才会取得成功。

罗斯福曾经说过："失败固然痛苦，但更糟糕的是从未去尝试。"不敢尝试，就连成功的机会也没有。就是凭借这份勇于突破、挑战自我的精神，这些人才能脱颖而出，成为佼佼者。试想一下，如果鲁豫当初一直留在《艺苑风景线》当主持人，那么最后只会随着这档节目的衰落而离开，而不会有今天既当主持人，又当评委，还兼顾编导的全能型鲁豫。

跟鲁豫一样，可可·香奈儿也是个不安现状、敢于挑战的女人。22岁的时候，香奈儿还只是一家咖啡屋的歌手，但她却不甘于此，借助身边的名流贵族，她成功进入了上流社会。1910年，可可·香奈儿在巴黎开设了一家女装帽店，随后又接二连三地在巴黎最繁华的街区开设了服装店。从此，影响后世长达一个多世纪的时装品牌"Chanel"正式诞生，至今香奈儿的品牌风格仍是众多女性效仿的对象。

正如电影《当幸福来敲门》中男主人公告诫他的儿子时所说的，"If you have a dream, you got to protect it！"如果你只是原地踏步，那么梦想也只会变成空想。适时地为自己加油，为自己增加勇气，告诉自己"I can do it"。人生拥有的，是不断地抉择，看你是用什么态度，去看待生活赋予你的无数次机会，能够综合考量每件事情、每个问题的正反两面，你将发现，内心最深沉的恐惧，在所有状况明朗之后，将会自行化为乌有。

2. 突破自己，寻求改变

有位哲人曾经说过："一个有信念者所开发出的力量，大于九十九个只有兴趣者。"人这一生，只有坚定信念、不断突破自我，才

心自芬芳　不将不迎

能登上更高的山峰。井底之蛙因为目光短浅而看不到天地的广袤，墙角的花因为孤芳自赏而局限于自己的世界。生命有尽头，追求无止境；山外有青山，楼外有高楼。唯有挣脱心灵的桎梏，谦虚向上、放宽眼界，才能走出属于自己的精彩之路。而作为新时代的女性，更应该打破常规和世俗的眼光，超越自我，破茧而出，成为迎风飞舞的彩蝶。

20年前，正在担任《艺苑风景线》主持人的鲁豫觉得自己的潜能没有得到最大限度的发挥，每周一次的主持机会不能满足她的工作欲望，于是毅然决然选择了离开央视，加入凤凰卫视。尽管相对来说，央视的工作比在凤凰卫视要轻松很多，压力也小很多，但鲁豫丝毫没有后悔自己的选择。她一直在寻求一种蜕变、一个机遇，能充分发挥她的能力和所长。正是凭借着这份勇往直前的信念，她成功了。在凤凰卫视的工作，让鲁豫有了不同于以往的成就感和幸福感，尽管有时候一个人要做三个人的工作，但这却没有抵挡住鲁豫的热情。

后来，鲁豫在《凤凰早班车》节目中开创了"说新闻"的先河，这股热潮从香港延续到内地，一时间各大电视台争相效仿。央视新闻频道的《社会记录》、北京电视台的《第七日》、湖南卫视的《晚间新闻》以及江苏卫视的《1860新闻眼》等节目都沿用了这一风格，播出后也颇受好评。

直到2001年，鲁豫有了自己的电视节目，这就是广为人知的

《鲁豫有约》。鲁豫曾说："其实我很早就想做访谈节目了。2001年年底，凤凰卫视设计2002年新节目时，我觉得是时候了，于是提出了自己的想法，我要求做一个访谈节目。首先，一定要做有经历、有故事的人物。其次，真正让嘉宾讲故事，讲他某天早晨发生的某件事……经过反复谈论，最后这个节目被命名为《鲁豫有约——说出你的故事》。"在适当的时机提出适当的要求，这是鲁豫成功的要诀，但前提是你要有充分的积累，不论是能力还是经验都尤为重要。作为凤凰卫视的元老级人物，鲁豫显然做到了这点。全新的节目带鲁豫进入了全新的领域，给她的电视生涯进行新的定位，并且收获了相当数量的固定收视者。

近几年，鲁豫又有了新的突破和发展。2013年，由鲁豫亲自策划的一档演说真人秀节目《超级演说家》在安徽卫视开播。这档节目以"挑选中国最会说话的人"为目的掀起全民演说热潮，并在众多节目中脱颖而出。作为《超级演说家》的监制和导师，鲁豫从最初便参与了这个节目的创意和制作。她从一个亲历者的角度表达了制作这个节目的初衷和感受。她曾坦言，正是因为小学时期参加了一场北京市的英语演讲比赛，才有了后来成为主持人的电视生涯。她认为，不管是孩子还是大人，都有表达自己的欲望，但很多普通人都缺少这种机会和场地，所以《超级演说家》就要为大众提供这样的一个舞台。

心自芬芳　不将不迎

　　《超级演说家》从筹备到开播是一个艰辛而漫长的过程。近几年的电视荧屏五花八门、精彩纷呈，真人秀节目更是层出不穷。鲁豫以及她的制作团队都深知模仿别人只会被淘汰出局，只有一个全新的、富有创意的节目才能崭露头角，突破现有模式是唯一的出路。于是，《超级演说家》便在这样的初衷下诞生了。

　　从鲁豫的经历我们可以看到，一个人不能局限于自己的某个成就，要敢于突破自己，才能有更宽阔的视野和道路。突破自我，需要有非凡的远见，正如登山时，若只看脚下，害怕前方是悬崖，必然畏首畏尾；若能将目光延展到整个山脉，你可能就能体会到"会当凌绝顶，一览众山小"的情怀。突破自我，需要能力的培养。如果不具备登山的能力，那高高的山峰将与你无缘。如果没有前期的投入和积累，只凭信口开河，别人也不会信服于你。

　　突破自我，需要我们摆脱平庸的内心。俗话说，天外有天，人外有人。在广袤的生命长河中，每个人都是沧海一粟，如果只活在自己的世界里，闭目塞听，孤芳自赏，将注定成为笑柄。"语言的巨人，行动的矮子"，这是如今很多年轻人的真实写照。一些人在社会的竞争中满足于现状，以为有了铁饭碗就能够高枕无忧，放弃对理想的坚守，放弃对人生的追求，成为社会中平庸的一员，随波逐流。而我们虽不一定要流芳百世，但至少在属于自己的年代中，要活出自我，才对得起生命赐予我们的机会。

第14课　口吐莲花，也要适当保持缄默

1. 交谈中掌握他人的心理

俗话说："好的开头是成功的一半。"对于主持人来说，好的开场白更是尤为重要。它奠定了节目的整体基调，起到了营造节目氛围、吸引观众的眼球的作用，从而保证节目的顺利进行。鲁豫作为一名知名的主持人，口才自然不在话下，但我们更应该学习的是她与嘉宾交谈时的方式。每一个看似浅显的问题背后，鲁豫都做足了功课，投其所好地引导嘉宾在回答问题的同时，吐露出鲜为人知的故事。这就是鲁豫的谈话艺术，也是我们在日常生活中应该掌握的谈话技能。

鲁豫在采访韩寒时，首先问的并不是关于写作的事情，因为这是观众早已熟知的，而是与韩寒交流关于赛车方面的趣事。韩寒对于赛车颇为钟爱，鲁豫就此发问："听说你刚参加完一个赛车比赛，成绩怎么样，第几名？"这样一个闲聊般的问题立即引起了韩寒的

兴趣，他有些谦虚地说道："是我们组别1600CC的第二，国家杯的第四。"接下来，鲁豫还问了韩寒的车技和困扰，对于自己喜欢的事，韩寒自然是侃侃而谈，访谈进行得很是顺利。而此时的韩寒也打开了话匣子，这样在接下来谈到被记者问及多次的写作事项，也没有显现出烦躁和郁闷情绪，相反还与观众分享了上学时拿版税买车的经历。

语言为陌生人之间搭起桥梁，同时也为已经存在的关系保持新鲜感。在交谈中，如果对方性格比较沉默，不善言辞，或者对话处于尴尬境地，不知如何进行下去，那么不妨聊一聊对方的兴趣爱好，这样便可以打破僵局，让谈话继续下去。很多女性对于如何在职场中与他人沟通，寻找合适的契机十分困扰。那么你不妨常使用以下的几种方式来寻找话题的突破口。

（1）从对方的衣着打扮找话题

一个人的衣着打扮彰显了他的喜好和特点，他所携带的东西也很有可能表达了他的兴趣和爱好。所以，仔细观察对方的服饰特点和随身物品，你将很容易找到谈话的话题。比如，如果对方拿着一本时尚类杂志，而她的衣着也颇为讲究，那么你不妨从此处入手，问她："你喜欢Prada的衣服风格吗？我感觉跟你的品位很接近。"这样会在极短的时间拉近两个人之间的距离，让你们找到共同的话题。

（2）从对方的口音找话题

口音能表现一个人的出生地、成长环境或者是长期居住之所。仔细辨别对方的口音，你可以就此询问他的家乡风貌、著名景点或者发生过的特殊事件，等等。如果对方是陕北口音，你可以询问他是否是陕西人士，如果是，那么你可以进而畅谈一下陕西的风土人情，比如过去的历史、当地有名的小吃，甚至是秦始皇陵、兵马俑等历史遗迹。这样不仅可以使对方感受到你丰富的知识，而且勾起了他对家乡的怀念之情，激发起了对方的谈话欲望。由情入手继续下面的谈话会更为深切动人，从而达到你的谈话目的。

（3）从对方过去的经历找话题

每个人都有自己的经历，其中有高潮也有低谷，有幸福也有悲伤，了解谈话对象过去的经历也有助于扩大你们之间的交流内容。当然，在这里你要注意的是，尽量不要提及对方悲惨的经历或者不愿被人所知的事情，除非是他自己谈到。在交流的过程中，要学会察言观色、尊重对方，如果发现你所说的事情引起了对方的不满或者伤痛，那么就不要再继续下去；如果对方愿意交流，你就可以继续找寻你们之间的共同语言。

（4）从热点事件找话题

如果你实在不知道对方的喜好，也对对方过去的经历无从得知，那么你可以聊一聊最近的热点话题或引人关注的事件，这样的话题也可以引来对方的兴趣和谈话欲望。比如，女性之间大部分人都会

心自芬芳　不将不迎

对时尚、减肥、明星等话题感兴趣。因此，你可以说一说最近欧美很流行的一种减肥方法 Pump It Up，不用节食就可以达到减肥塑形的目的。这套减肥操是在有氧运动的基础上加上电子舞曲，让你在动感的音乐中不知不觉间达到瘦身的目的。每个女人对这类话题都不会排斥，所以你不妨试一试，它会帮你成功地打开突破口。

（5）从对方感兴趣的事找话题

以对方感兴趣的事情为话题是最为直接，也是最为简便的突破方式。和与自己志趣相投的人交流会感到很轻松，谈话方式也会变得很随意、自然，这样所聊的话题也会越来越多。如果你一直随心所欲地畅谈自己喜欢的话题，而对方并不擅长，那么你们的对话势必无法进行下去。谈论别人感兴趣的话题，不仅可以把两个陌生人的情感紧紧地连在一起，而且还是打破僵局、缩短交往距离的一大良策。

2. 倾听是一种无言的鼓励

《鲁豫有约》之所以能占据电视荧屏将近二十年之久，很大的原因是它的主持人鲁豫十分善于倾听。在每一期的采访中，鲁豫有一半时间都在倾听，她的眼神和思想在随着嘉宾的话语飞速运转，但却只是用点头或者微笑来示意。她不像有些主持人那样急于表达自己的见解，随意打断嘉宾们的谈话。正如玛西亚·内尔逊所说："倾听是一种力量。这是一种表示尊重的方式，代表你尊敬他人的存在和经历。"

细心的观众会发现，鲁豫在采访时，总是认真地聆听嘉宾们说的话，然后对他们所说的内容进行提问。人生最大的痛苦就是被忽视，每个人都期待被认可。所以倾听是认同别人的最好方式，鲁豫做到了这点。她从来不屑于通过挖别人的隐私，来提高节目的收视率；也不会提出一些刁钻的问题，让现场的嘉宾难堪、尴尬。这正是我们要学习的，有时候倾听比说话更能让他人喜欢。

生活中，很多女性都会在不知不觉中喋喋不休，周围的人已经产生了厌恶情绪，而自己还一无所知。表达自己的意见是一种权力，但毫无节制地抱怨和滔滔不绝地讲话却会让你的形象大跌。一个优雅又有魅力的女人是不会这样的，她们在与人交谈时会充分给予对方说话的时间和机会，而自己则用心聆听，充分了解对方的说话状态和情绪变化。

鲁豫就是这样一位很好的倾听者，她像一位心灵理疗师，倾听每一位嘉宾的心事，或悲或喜，很多嘉宾面对家人或者朋友都难以开口的事情却可以面对鲁豫向亿万观众述说。"要想成为好的谈话者，必须先成为好的倾听者。这不仅体现了你对谈话人的兴趣，仔细地倾听还能让你更好地回应，从而促使你成为一个好的谈话者。"美国

心自芬芳　不将不迎

家喻户晓的主持人拉里·金如是说。

鲁豫在采访张柏芝时有一多半的时间都在聆听对方的诉说，并未插嘴提问。而张柏芝则在鲁豫眼神和微笑的鼓励下从她出道拍戏，到家庭压力，再到感情生活，一路侃侃而谈，没有丝毫地遮掩，全部吐露了出来。当鲁豫问道："从18岁到现在，一直都这么照顾你的家人吗？"张柏芝坦言道："对，因为我觉得只有这样才让我活得开心。不管我在外面工作多长时间，20多个小时，30多个小时，每一天都有工作；每一天我都不会不开心，因为我想到我的家人过得很舒服，我就很满足。"倾听嘉宾们的故事不仅能够帮助他们摆脱伤痛的束缚，也鼓励了更多的人，让他们愿意向鲁豫倾诉心声。

一个好的聆听者至少要做到以下两点。

第一，用眼睛、面孔、整个身体倾听——而不只是用耳朵。如果我们真正热心地倾听别人说话，我们就会在他说话时专注地看着他，我们脸部的表情也会有反应。认真倾听，当一个好的听众，不仅可以给说话者积极的暗示，倾听者也可以从中获得许多知识。

第二，问一些诱导性的问题。直截了当的问题有时候显得粗鲁无礼，但是诱导性的问题却可以刺激谈话，并且可以继续推动话题进行下去。

由此可见，鲁豫的智慧之处不仅在于她的语言魅力，而且还在于她善于倾听他人说话。有时候，一对善解人意的耳朵，比一双会说话的眼睛更讨人喜欢。在鲁豫的节目中，你会发现无论是普通人还是大明星，都愿意向鲁豫敞开心扉，畅谈他们过往的经历。而在他们讲述自己经历的过程中，鲁豫总是认真聆听着对方的讲述，不时地以微笑和点头回应。

认真倾听对方说话，正是我们对他人的一种最高的尊重。很少有人能拒绝那种带有敬意的认真倾听。成功会谈的秘诀是什么呢？就是专心致志地倾听他人正在和你讲的话，这是最为重要的人际交往的窍门，并没有什么神秘的，但却常常被人们所忽略。

如果你希望自己成为一个善于谈话的人，首先就要做一个善于倾听的人。要做到这一点其实很简单，在与人谈话时，你不妨问一些他们喜欢回答的问题，鼓励他们开口说话，说说他们引以为豪的事。如果你是个倾听者，那么你就要学会克制自己，不要随便说话。如果对方是倾听者，你以点头或者微笑来表示接受他的观点，将会使他大受鼓舞，使他能够与你开怀畅谈，并接受你的观点。

第15课　有一种快乐叫拼搏

1．敬业是事业的希望之灯

著名作家余秋雨曾这样评价过鲁豫："工作现场的鲁豫是另外一个人。摆在她面前的采访目标，拿出任何一个来都会让最有经验的男性记者忙乱一阵，而她，却一路悠然地面对难以形容的约旦河西岸、佩雷斯、拉马丹，勇敢激愤地与伊拉克海关吵架，眼泪汪汪地拥抱在战火中毁家的妇女，企图花钱靠近萨达姆……她的这些言行，都是个人即兴，绝无事先准备的可能，却总是响亮强烈，如迅雷疾风，让全球华语观众精神一振。"

1999年，凤凰卫视制作了一档带领观众走访四大古文明发源地和三大宗教发祥地的电视节目，作为主持人的鲁豫和余秋雨等人就这样踏上了"千禧之旅"。当节目组的人员走到伊拉克的时候受到了诸多阻碍，那时的伊拉克正被战争的阴霾所笼罩，硝烟弥漫、战火纷飞的地方有多少人愿意前往？然而，就是在这样一片充满着威胁与恐怖的"死亡之地"上，鲁豫面对镜头，沉着冷静地记录下了当地人民的生活情景。所以才有了上述余秋雨先生对鲁豫工作状态的评价，谁能想到外表如此瘦弱的鲁豫可以这么强悍地面对采访过程中的种种困境，可以为了一次次采访铤而走险。而鲁豫做到了，她对工作的热忱和责任感感染了身边的同事们，同时也感动了电视机前的观众们。

鲁豫对于工作似乎已经到了即使撞了南墙，也不回头的地步。她会为了对某个热点事件进行采访而彻夜不眠地整理资料；会在三更半夜因一通电话而不顾病痛地跑来公司播报新闻，这样一个对工作尽职尽责、有强烈责任心的人怎能不受到同事的爱戴和观众的喜爱？所以，我们也要学习鲁豫的敬业精神，因为敬业是事业的希望之灯，只有敬业的人才能不让自己流于平庸，才能实现自己的价值。

有这样两则故事：

有位外科护士首次参与外科手术，在这次腹部手术中负责清点所用的医疗器具和材料。在手术就要结束时，这位护士对医生说："你只取出了十一个棉球，而刚才我们用了十二个，我们得找出余下的那一个。"医生却说："我已经把棉球全部取出来

了,现在,我们来把切口缝好。"那位新护士坚决反对:"医生,你不能这样做,请为病人着想。"

医生眼里顿时闪出钦佩的光芒:"你是一个合格的护士,你通过了这次特别的考试。"原来,精明的医生把第十二个棉球踩在了自己的脚下,当他看到新来的护士如此认真时,他高兴地抬起了脚,露出了那第十二个棉球。

有一位技艺高超的木匠,因为年事已高想要退休了。他对他的老板说,他年纪大了,想离开建筑行业,和妻子儿女在一起享受轻松自在的生活。老板感到很遗憾,因为像这样本领高超的木匠很难再找到。不过老板还是同意了,但是希望他能在离开前再盖一栋具有个人特点的房子。

木匠欣然答应了,不过令人遗憾的是,这一次他并没有很用心。他想赶快把房子盖好,然后就可以离开了,于是草草地用劣质的材料就把这间屋子盖好了。其实,用这种方式来结束他的职业生涯,实在是有点不妥。

房子落成时,老板看了看,然后很高兴地把

大门的钥匙交给这个木匠说:"这就是你的房子了,是我送给你的一个礼物,以后你们全家就可以住在这里了。"木匠听后简直太惊讶了,当然更多的是后悔。因为如果他知道这间房子是他自己的,他一定会用最好的木材,用最精致的工艺来把它盖好。

其实我们每个人目前正在做的工作,归根结底都是在准备为自己建造一间房子。如果我们不肯努力地去做,那么我们只能住进自己为自己建造的最后的也是最粗糙的"房子"里。

正如列夫·托尔斯泰所说:"一个人若是没有热情,他将一事无成,而热情的基点正是责任心。"爱因斯坦也曾说过:"对一个人来说,所期望的不是别的,而仅仅是他能全力以赴地献身于一种美好事业。"故事中的护士正是因为有着强烈的责任感,才通过了医生的考试。而第二则故事中的木匠认真工作了一辈子,却因为对最后一项工作草草了事而遗憾终身。

所以说,无论做什么,责任心是一个人成功的关键。全力去做一个优秀的人,不但是要完成本职工作,而且要能够超越人们的期望,不断追求卓越,把工作做得尽善尽美。在需要你承担责任的时

心自芬芳　不将不迎

候，马上就去承担它，不要企图去找一些借口逃避责任，因为没有人愿意和这样的人一起共事。

2. 在工作中寻找"罗曼蒂克"

《鲁豫有约》开播至今已有十七个年头，能持续如此久的时间与鲁豫个人的喜好有很大的关系。鲁豫说："我对人、对故事比较感兴趣，我对讲道理半点兴趣都没有。"她相信，没有一个人的故事是不精彩的。鲁豫喜欢听故事，倾听他人的故事，让他们有一个心灵的释放之所。对鲁豫来说，采访别人是一件很快乐的事情，每期节目录完后她都能从不同人身上看到闪光点，看到别样的人生。

由此可见，在工作中寻找到乐趣对我们提升工作效率，实现工作价值都是极其重要的。尽管有的时候，我们并不能选择自己的工作，我们所从事的工作也不是理想中的，但我们可以选择的是对于工作的态度。在平凡的工作中寻找到乐趣，我们才能在工作中充满激情，逐步走向成功。

其实，很多时候我们被烦躁的心绪蒙蔽了双眼，忘记了身处其中的乐趣，只要你睁开迷茫的双眼，用心去感受身边的人和事，就会发现另外一道不一样的风景。拥有一份好心情，享受到工作的乐趣其实很简单。或者你可以尝试着在现有的工作中培养兴趣，把工作和兴趣联系起来，这样也不会让你的工作变得更加枯燥无味。

选择可以发挥自己长处的工作

心理学家马汀·塞利格曼指出，工作快乐的关键不在于找到对的工作，而是如何发挥自己的长处，把任何一份工作转化成对的工作。工作本身没有所谓的好与坏，而是看你如何去做，在工作中发挥自己的长处。的确，善于把喜好变成工作的人往往会获得超乎常人的乐趣，这要比单纯为了生计去工作快乐多了。从小就爱说话的奥普拉今日成为了二十年经久不衰的王牌脱口秀节目的主持人，正印证了这个道理。

而鲁豫也是如此，小时候的她就对英语演讲产生了极大的兴趣，与生俱来的语言天赋为她的主持工作带来了极大的便利。在采访中，流畅的中文和英文让许多嘉宾和同行对她刮目相看，而她自己也在每次交流中获得了精神上的满足。

德拉多罗·尼尔在其著作《于梦想和工作之间游离》中写道：

> 我深信如果大家都无拘无束地做其所爱、乐其所为，整个世界一定会变得更美好、更干净、更健康；所有家庭都能更坚固、更和谐；婚姻与爱情也将更加美满。

心自芬芳　不将不迎

然而，当大多数人为生计奔波而被迫放下理想与志向之时，我们必将看到社会和谐与凝聚力在持续地下降。找到你的特长或者喜好，并且利用它们投入到工作中去，即使你得到的报酬不是很昂贵，但你的心灵会感受到愉悦的满足。如果你喜欢看书或者写小说，那么不妨尝试文字工作，做个记者、编辑或者作家，那将能够充分发挥你的特长。只要你愿意，随时随地都能发现工作的快乐。

找寻工作中的快乐片段

工作中的鲁豫也会遇到烦闷的时候，尽管她很热爱主持行业，但有时高强度的工作和外界的质疑声还是会让她身心疲惫。这时候的鲁豫会用自己的方式来调节心态，在沮丧的工作中寻找一些小乐趣来舒缓厌烦的情绪。鲁豫很喜欢阅读观众的来信，有一次她收到了一封对她写满赞美之词的来信。在阅读时，鲁豫不时地弯起嘴角，喜悦之情溢于言表。然而，正在兴奋之余的她突然发现信的最后写着一行醒目的大字：鲁豫，我太崇拜你了，请你无论如何帮我弄到一张刘德华的签名照片。这些工作中的趣事经常帮助鲁豫走出低落的心情。如果你总是怀着受刑一般的心情来工作，如何能体会到其中的快乐？

要想获得工作的乐趣，就必须转变我们对工作的态度，换一个全新的角度来看待我们的工作。只要你善于观察，就会发现任何工作都蕴含着无穷的乐趣。如果你是老师，当学生们茁壮成长的时候，你难道不会感到无比欣慰吗？如果你是医生，当你诊治的病人恢复健康时，你难道不感到心满意足吗？如果你是厨师，当客人们品尝完你的饭菜，赞不绝口的时候，你难道不感到得意吗？这些一点一滴的赞许、慰藉和满足不正是你所获得的最大乐趣吗？所以说，每个人都可以从工作中寻找到乐趣，关键在于你愿不愿意去发现。

第 16 课　每个人都要有工作中的秘密武器

1. 灵活应对不同身份的人

有这样一则小笑话：某人以口齿伶俐见长。有人向他求教有什么诀窍，他说："很简单，看他是什么人，就跟他说什么话。例如，同屠夫就谈猪肉，对厨师就谈菜肴。"那位求教的人又问："如果屠夫和厨师都在座，你谈些什么呢？"他说："我就谈红烧肉。"这则笑话告诉我们，你不能对每个人都谈论同一件事情，每个人都有自己的喜好和关注点。你不能同一个生意人讲述政治理论，同样的，你对一位科学家谈论如何投资赚钱，相信他也不会产生兴趣。所以，说话要看对象，就如同射箭要看靶子，弹琴要看听众，写文章要看读者一样。

在鲁豫主持的节目中，很多地方都体现了这一点。鲁豫的访谈对象范围很广，涉及了政治、文化、体育、娱乐、经济等各个领域。每期嘉宾谈论和讲述的话题自然也各有不同，而鲁豫却都能应答自如，与他们侃侃而谈。作为一名主持人，在与嘉宾的交流中，鲁豫需要应对各类人士。为了顺利达到访谈目的和取得交流的成果，鲁豫首先就是要了解他们，把握他们各自的心理，根据他们的生活经历提出问题，引导他们用自己喜欢的方式表达观点，这样才能达到很好的节目效果。

鲁豫有一次采访易中天教授，俩人的对话颇为有趣，引发在场观众笑声不断。

鲁豫开始说："易老师，听说您原来不是想讲'三国'，是想讲'水浒'的。后来是您太太说咱们讲'三国'，您就讲'三国'了。传说您的很多大事都是要太太做决定的……"

易中天说道："是这样的，牵涉到她的问题，那必须她批准、授权，我认为这是基本人权……"

鲁豫随后说："好，您既然把这问题上升到了人权的角度，我也没什么好说的了，不过我心里面就觉得，您就怕回家交不了差呗？"

易中天还欲争辩，突然明白过来："不，没什么交不了差的，你说有什么交不了差？你不要激我噢！不上当！"

鲁豫接着笑言道："易老师特别可爱。"

易中天看着鲁豫，也笑道："对，鲁豫现在是狡猾狡猾的！"

不同的嘉宾有不一样的风格，有人活泼、有人沉稳，如果你对爱开玩笑、乐观幽默的人板起脸来采访，相信会让对方感到很

心自芬芳　不将不迎

不自在。反之亦是如此。由此可见，灵活应对不同的人，是我们在与他人交流过程中要掌握的必要技能。尤其是作为白领丽人的女士们，在工作中要经常面对不同阶层、不同爱好的人群，适当提升自己的谈话技巧，会让你在工作中事半功倍、游刃有余。那么，如何才能提升自己的说话技能呢？下面就为大家介绍几种方式和方法。

(1) 对不同年龄的人说不同的话

青年人、中年人和老年人，这三个年龄层的人经历不同，志趣各异，跟他们说话也要从他们的心理状态出发。对青年人，应采用富于激情的语言；对中年人，应讲明利害，供他们斟酌；对老年人，应以商量的口吻，尽量表示尊重的态度。

(2) 对不同文化程度的人说不同的话

跟文化程度低的人说话应该用家常口语，说大白话，多使用一些具体的数字和例子；对于文化程度高的人，则可以采取抽象的说理方法，而且讲话要注意尊重对方，避免常识性的错误。

(3) 对不同性格的人说不同的话

若对方性格直爽，便可以单刀直入；若对方性格迟缓，则要"慢工出细活"；若对方生性多疑，切忌处处表白，应该不动声色，使其疑惑自消。如果你没有把握住对方的性格，而随意开口，小心陷入难以自拔的困境。

（4）对不同职业的人说不同的话

不论遇到从事何种职业的人，都要运用与对方所掌握的专业知识关联较紧的语言与之交谈，这样对方对你的信任感就会大大增强。俗话说"隔行如隔山"，不同的职业，决定了一个人不同的说话方式。做销售和做研究的人谈论的内容、谈话的语态一定不会相同，所以要具体问题具体分析，选择合适的谈话内容。

（5）对不同性别的人说不同的话

对男女说话要注意有所区别，有些可以对男性说的话，未必就可以对女性说。男性和女性在语言反应上有差别，这种差别多半是由性别的心理差异引起的。所以，对男性，需要采取较强有力的劝说语言；对女性，则可以温和一些。

（6）对不同兴趣爱好的人说不同的话

凡是有兴趣爱好的人，当你谈起有关他的爱好这方面的事情时，对方都会兴致盎然；同时，无形中对你也会产生好感。因此，如果你能从此入手，就会为下一步的商谈工作打下良好的基础。

（7）对不同地域的人说不同的话

对于地域不同的人，我们所采用的谈话方法也应该有所差别。比如，对于北方人，我们可以用粗犷的态度，而对于南方人，则应该细腻一些。

心自芬芳　不将不迎

2．这样说话更动人

　　心理学研究表明，一个人对外界事物的感知和印象百分之八十是靠视觉，其余的百分之二十中有百分之十四靠听觉。由此可见，声音和语调的重要性不言而喻。而倘若两个人不是面对面地交流，例如打电话，那么声音的重要性就更加突出了。

　　要想成为一名富有魅力的女性，除了注重自身的外在形象外，对声音美感的关注也是必不可少的。你能想象一位年轻漂亮的女士，说出话来却是粗声粗气、大吵大闹吗？如果是这样的女人，外表再美丽动人，也无法吸引男士的目光。优秀女人的谈吐既要有知识性和趣味性，同时又能用优美婉转的声音表达出来，那将会收到意想不到的效果。

　　如果你是一位在职场中的白领女性，那么更要在说话时注意你的言语和声音。你是否看到过一些衣着光鲜亮丽的女性说起话来声嘶力竭，与她们的外表毫不匹配；而一些相貌普通、衣着朴素的女性说起话来却如涓涓细流，娓娓动听。鲁豫就是这样一个很会说话的女性，在她的节目中，从未有过粗鄙、阴暗、负面的话语，她的声音总是平坦柔和、音量适中，从不会忽高忽低，让观众措手不及，抑扬顿挫也是适时适度的。

声音是一种能量，能影响他人对你的感觉。温婉的声音，让人产生信任感；甜美的声音，让人乐于倾听。声音能够表现个性，传递性情。人与人之间更多、更深的交往总是依赖语言，你能够懂得声音的重要性并努力地调整和改变，生活会顺利和愉悦很多。

辛迪·特里姆博士说过："语言所到达的维度是我们的肉身所不能到达的。无论人类多么现代化，他们总是低估了语言的力量。语言不会在脱口而出之后消散如烟，语言是永恒的，如我们的灵魂一般。语言具有生命，是有预示性的。它可以不受地理环境限制，穿越时间与空间。"

一个人无论声音再怎么优美动听，如果他说出的话粗俗不堪，还是会让人远离他。不得不承认，在说话方面鲁豫可以说是很有天赋的人。她所说的话都很真实，从不会言不由衷；对于明星的访谈，她不会说一些流言蜚语，八卦别人的隐私；她更不会谩骂他人，无论是在节目中还是在博客上……节目中的鲁豫有时候很少说话，但她每说一句话都是心平气和、慢条斯理的。用声音和语言来装扮自己，对女性来说，是十分必要的。

说话是个双刃剑，会说话的人可以建立起和谐的人际关系网；而不会说话的人，则往往会破坏自己的人际关系。要学会说好话，就要先从不说别人的坏话开始。例如，对于别人的缺陷和劣势不能随意乱说，即使是同龄人之间的玩笑话也应当尽量避免。无论何时，

心自芬芳　不将不迎

我们都要切记，学会用友善的方式说话，不要轻易地对他人进行指责和咒骂。

语言作为交际的工具，具有很强的社会性。那么，如何使自己的声音富有感染力呢？

(1) 口齿清楚，发音准确

我们说话的目的是要别人听清楚我们要表达的意思，所以，这就要求我们要发音清晰。正确而恰当地发音，有助于我们表达思想，与他人进行良好的沟通。我们在生活中说话不一定要像播音员那样字正腔圆，但也要口齿清楚。美国影片《窈窕淑女》中，乡村女孩被培养成优雅贵妇，首先就是从改掉地方口音开始，之后才是姿态、着装和社交礼仪的训练。

(2) 语调变化，有声有色

语调可以反映出一个人在说话时的态度和感情，进而体现他的内心世界。情绪不同，所反映出的语调也不尽相同。生气、愤怒时，语调自然会有所提升；伤心、低落时，语调也会随之下降。通过一个人的语调，我们也可以观察出他说话时的内心，是真诚还是虚伪，是谦逊还是骄傲。所以，当我们与他人谈话时，最好不要只保持一个语调。不同的话题使用不同的语调，会使你的谈话更加活泼、有声有色。

(3) 语速适当，轻重缓急

在和别人交谈时，语速的选择也是十分重要的。语速太快，不但让他人增加紧张感和焦虑感,还容易使人因听不清楚而造成错觉;而当语速过慢时,又会使谈话走向沉闷无趣,令谈话对象丧失耐心。因此,正确的方法是,当你与他人谈话时要适当保持平缓的语速,根据谈话的内容循序渐进地调节语速的快慢,切不可忽快忽慢。

Happiness

幸福奔跑 | 梦里花开,温暖如昔

CHAPTER FOUR

第 17 课　倾听梦想照进现实的声音

1. 别把梦想遗忘在角落

美国前总统威尔逊曾经说过："我们因梦想而伟大，所有的成功者都是大梦想家：在冬夜的火堆旁，在阴天的雨雾中，梦想着未来。有些人让梦想悄然绝灭，有些人则细心培育、维护，直到它安然渡过难关，迎来光明和希望，而光明和希望总是降临在那些真心相信梦想一定会成真的人身上。"人因梦想而伟大，但不是每个人都能够达成自己的梦想，只有逐步完善自己，并且能抓住机遇的人才能成就梦想。

多年以后，鲁豫在一次高中同学聚会上，听到一位同学对她说："高二时，有一天你说，你将来一定会做一个很好的节目，拥有一个很大的舞台。"鲁豫惊得瞪大了眼睛，自己都有些不敢相信，用双手捂住嘴巴，问道："真的吗？"然后她在博客中自嘲般地写道：一个 15 岁的女孩子，说出那样稚气的、不知天高地厚的话，然后就大大咧咧地忘了。写到最后,还不忘幽默地调侃一句:难道,这就是所谓的梦想成真吗?

也许在当时,鲁豫只是一句笑言,但后来她却用行动实现了这个梦想。

梦想不是一天两天的幻想,它像一个小火苗,根植于我们心中,慢慢燃烧起来。鲁豫用自己的努力和勇气向梦想进发,没有被困难击垮。

13 岁的鲁豫,身高只有 1.50 米左右,大方地用英语向周围人做自我介绍,一点儿也不怯场。这样的勇气不是每个人都有的,我们与成功者的差距往往就从一件小事开始。可以说,鲁豫的每一次进步都是一个通往梦想的阶梯,不知不觉就抵达了梦想的天堂。

然而,寻梦之旅说起来容易,做起来却很难。我们只看到鲁豫在荧屏上的风光,却没有看到她早出晚归的艰辛;只看到她得奖时的笑容,却忽略了她深入险境采访时的危险。无论是谁,在实现梦想的过程中,绝没有人能一步登天,只有不断努力尝试才能取得硕果。

"我平常是个做事急躁,爱冲动的人。唯独对工作,我相信水到渠成的道理。"这是鲁豫对自己的评价。世界上没有免费的午餐,也没有平白无故的成果,没有付出,何来收获。

爱默生说过:"有史以来,没有任何一件伟大的事业不是因为

心自芬芳　不将不迎

热忱而成功的。"事实上，这并不是一段单纯而美丽的话语，而是迈向成功之路的指南针。热忱是成功的动力，能助你更快地实现梦想。

"人们如果能正视现实，就会宽容地对待苦难和挫折……并从浪漫的气质和青春的激情中获得前进的动力。"果断地决定自己的方向，坚持不懈地追求自己的梦想。当一个目标实现之后，马上定下另一个新目标，这才是成功的人生模式。

怀有一颗对梦想挚爱和执着的心，就算是一个现在看来不可能完成的任务，只要坚持下去，总有一天会获得成功。古人有云："锲而舍之，朽木不折；锲而不舍，金石可镂。"由此可见，要想成就梦想，最忌讳的就是缺乏恒心，半途而废。

有人说，生命的每一天都是在进行着现场直播，你今天的选择，或许就决定了未来的命运。每一天都在完成一张答卷，每一张答卷的内容都无法更改，亦无法重写。脚踏实地，一步一个脚印向着自己梦想的彼岸勇往直前，这样才有成功的希望。

2. 忧虑是一把无形的匕首

卡耐基曾经说过："忧虑是一把无形的匕首，它会刺向你的身体，伤害你的精神。"

乔治幼年时就失去了父母,十几年来都与祖父相依为命。转眼间,乔治到了该去服兵役的年纪,抽签的结果让他大失所望,竟然是人人避之不及的海军陆战队。年迈的祖父克里木看到整日茶饭不思的乔治,向他询问了情况。听到乔治忧虑的原因,克里木大笑了起来,乔治不明所以,仍旧忧心忡忡。

几分钟后,克里木收敛起笑容,认真地对乔治说道:"亲爱的孩子,原来你在为这件事发愁,其实这也没什么可担心的。即使是进入了海军陆战队,你也不一定要去打仗,你有两个选择的机会,一个是内勤部队,另一个是外勤部队。如果你被分配到内勤部队,也就没有什么好担心的了。"

乔治仍旧担忧地问道:"可是,如果被分配到外勤部队怎么办呢?"

克里木不慌不忙地回答:"那你还有两个机会,一个是留在本国,另一个是分配到外国,如果你被分配到本国,那也不用担心了。"

乔治又问:"要是被分配到外国呢?"

克里木微笑着说:"那还是有两个机会,一个

是分配到后方,另一个是分配到前线。如果你留在后方,那也没什么关系。"

乔治再问:"那,如果被分配到前线作战呢?"

克里木答道:"那还是有两个机会,要么可以平安退伍,要么遇上战役。如果你能平安退伍,不就能安全回家了吗?"

乔治更加害怕,问:"如果是遇上战役怎么办?"

克里木说道:"那还是有两个机会,一个是受轻伤,可能被送回国;另一个是受了重伤,可能身亡。如果你受了轻伤,送回本国,也不用担心呀!"

乔治最恐惧的时刻到了,他紧张地问:"那……如果真的遇上后者呢?"

克里木大笑着说:"若是遇上那种情况,你人都已经死了,还担心什么呢?该担心的人是我呀,那种白发人送黑发人的痛苦场面,可不是什么好事!"

其实很多时候,我们所担心的事情并不一定会发生,顾虑重重的担忧和恐惧阻碍着我们前进的步伐。有些人不满足于现状,又没有打破现状的勇气,只得整日怨声载道、愁眉苦脸。或许是因为他们不敢面对改变所带来的未知境况,或许是他们畏惧突破自我后的不知所措,抑或者是他们无法忍受新的生活要经历的痛苦……所以,在种种畏惧之中,他们选择了保持现状,不进不退,站在原地成了最好的选择。

古人常说"穷则求变",似乎只有到了尽头的时候,人们才会想着要改变。但对于大多数人而言,不论是工作还是生活,都会给自己留下转弯的余地,所以得过且过成了很多人的生存现状。这也就是说,我们虽然对现实感到不满和厌倦,却没有想要改变的强烈愿望;虽然抱怨目前的工作艰苦或者没有前途,却仍然可以依靠它满足基本的生活;虽然经常说要开阔自己的眼界,却还是在现有的环境中徘徊不前……于是,久而久之便陷入了光说不做的怪圈中。

有时候走出去不仅仅是找到新机会,更重要的是找到合适自己的位置,树立起人生新的自信与欢乐。所以,我们不必再抱怨,也不要再满腹牢骚。不必羡慕百万富翁,因为赚钱正是他们感兴趣的事情。只要你有令自己高兴和快乐的事情,就会感到生活的幸福。如果你现在已经拥有了幸福,那就认认真真地过好每一天。

第18课　让婚姻经得起细水长流

1．人生大赢家：家庭事业双丰收

爱看电视的观众也许会发现，在2014年6月份的电视荧屏上出现了一档明星夫妻旅行真人秀节目，它的名字就叫作《鲁豫的礼物》。从节目的名称上就可以看出，这档全新的品牌节目是为鲁豫量身打造的。在每一期的节目中，鲁豫和编导们都会精心策划适合不同嘉宾们的主题，并且根据嘉宾们的意愿安排行程，在最后环节中鲁豫亲自为他们送上最珍贵、最难忘的礼物。在整个活动中，嘉宾们不为人知的情感历程和婚姻状态被一一呈现，彼此间增进了解，重新认识到亲情、友情、爱情的真谛。

《鲁豫的礼物》每一期都会请到一组明星夫妻，这其中既有当红明星，也有豪门夫妻。他们在旅行过程中卸下了光鲜亮丽的外表，怀揣着普通人的梦想参与到节目中来。而这想必也是鲁豫策划这档节目的初衷，让观众们看到一个真实的明星家庭，不同的婚姻模式，不同的相处之道，却有着同样的温馨与幸福。

每个女人都想拥有一个幸福的婚姻和美满的家庭，这似乎是很多人一生追求的目标，即使是名利双收的明星们也不例外。然而这份幸福与美满并非唾手可得，它是一门艺术，也是一项事业，需要我们用心经营。

在《鲁豫的礼物》中，仔细看你会发现每对夫妻的相处模式似乎都有很大的不同，每位妻子在家庭中扮演的角色也不尽相同。这其中有温柔善良的贤妻良母，有撒娇卖萌的小女人，也有事无巨细的霸气女王，尽管个性不同，但都收获了人生中最珍贵的美好。家庭事业双丰收的她们，可谓是人生大赢家，而同样拥有一位爱惜自己的丈夫和稳定发展的事业的鲁豫自然也是其中之一。

鲁豫与丈夫朱雷于2002年登记结婚，至今俩人相伴已经走过了13年之久。在这13年中，两人也曾因为小事而争吵，也曾因为工作而分离，但却从不曾轻言分手。有很多人会疑惑，结婚是为什么，婚姻究竟意味着什么？恐怕即使是已婚多年的女性也不能准确地回答出这个问题。从古至今社会上都流传着这样一句话：对女人来说，干得好不如嫁得好，婚姻是女人的第二次生命。

杨澜在接受主持人李咏的访谈时，曾被问及："女人是嫁得好重要，还是干得好重要？"杨澜的回答出乎在场观众的意料，她说道："女人干得好是基础，嫁得好是必要。"此话一出，现场立刻掌声雷

心自芬芳　不将不迎

动,尤其是女性观众,更是大加赞赏。的确如此,新时代的女性绝不是只有依靠男人才能生存下去,她们有自己的工作、有自己的理想,像鲁豫和杨澜这样才貌兼备的女性怎能不赢得好男人的青睐。

但是,生活中我们也经常会看到这样的情况:事业上功成名就的优秀女性,有不少人却被家庭所困,无力扮演好一个妻子、一个妈妈的角色。这也似乎已经成为了很多职场女性最为头疼的烦恼。正所谓,鱼和熊掌不可兼得,那些要强的女性在事业上每成功一步,似乎都是以放弃生活中的另一部分为代价的。然而,那些既能兼顾事业,又未曾抛弃家庭的女性是如何做到的呢?

有人曾说,家是一个男人的城堡,是一个女人的天堂。每个女人都要走向家庭,这只不过是一个迟早的问题。因此,家庭不应该成为束缚女性的牢笼,而应当是女人迈向新里程的中转站。在婚姻中她们感受爱情的美妙,在家庭中她们体会亲情的珍贵,人世间最美好的情感得到满足的时候,女人身上会迸发出超人的毅力,完成生命中的另一次神奇的飞跃。

2. 合适自己的才是最好的

幸福的婚姻是女人一生所追求的目标,世界上的女人无不梦想拥有美满的婚姻。总有人说女人是感性的动物,对于女人来讲,一生最大的财富就是有一个能够疼她、爱她的老公和一个幸福的家庭，爱情在她心目中的地位是任何事情都无法取代的。当女人在有了自己的小家庭之后，就要做好事业和家庭的平衡工作，在双重角色中做个好女人，也是一个不小的挑战。只要婚姻中的双方都努力朝同一个方向投视并且前行，爱就会长久地延续下去。

婚姻生活中的最大乐趣，就是夫妻二人有共同的价值观，朝着一个方向行进。居里夫人和她的丈夫就是因为有相同的兴趣爱好和目标，一起工作、一起学习、一起搞科学研究，所以，在不断进取的事业中，俩人的感情也在不断升温，共同走过了几十年。

但是，如果两个人信念背离，整日相互争吵、相互埋怨，最终就会导致感情的流失，婚姻的破裂。如果是这样，与其怨恨对方，倒不如选择分开更为洒脱。

1995年，鲁豫在央视工作一段时间后觉得自己有必要进一步学习，于是她远赴美国，开始了留学生活。只身一人在国外的鲁豫经常会感觉到孤独和寂寞，而这时她遇到了她的第一任丈夫。那是个金发碧眼的美国人，他让背井离乡的鲁豫感受到了家的温暖，二人很快便走入了婚姻的殿堂。一年以后，鲁豫携夫归国加盟凤凰卫视，不久便迎来了事业的高峰期。《音乐无限》《香港回归世纪报道——60小时播不停》和《凤凰早班车》等节目的播出让鲁豫的工作变得繁重起来，而此时，夫妻双方的矛盾也凸显了出来。

心自芬芳　不将不迎

缘分似乎就是这样微妙，它出现时会让你兴高采烈，它离开时又会让你黯然神伤。但鲁豫明白，既然爱的感觉已经没了，与其双方彼此纠缠，不如放手让彼此做回全新的自己。于是，鲁豫选择了离婚，将自己从"围城"中解救了出来。

直到后来，鲁豫又遇到了初恋情人朱雷，再次进入婚姻的她，这时才明白，适合自己的才是最好的。

结婚与谈恋爱不同，谈恋爱不用考虑生活中的事情，但是结婚后，两个人就会为了生活中的小事而纠结吵闹。性格、价值观、文化的差异都会成为彼此之间的阻碍，如果处理不好，就会引发很多的矛盾。很多夫妻结婚之前难舍难分，但婚后却整日抱怨对方，甚至走向离婚。其实，每个人的婚姻都有自己的难处，冷暖自知，但与此同时也都有幸福的一面。

有句话说得好：鞋子舒不舒服只有脚知道。婚姻正是如此，不要总是羡慕别人的婚姻、别人的老公，那对你来说也许并不合适。

合适的人是你与他在一起时能够感到舒服和愉快，彼此之间没有压力和束缚。并且，在你悲伤时，能够给予你安慰；在你痛苦时，能够给予你鼓励；在适当的时候，能够让你感动。在他面前不用假装，可以随意卸下面具，回归自我。这就是合适的人，和他在一起就是合适的婚姻。

每个人都应该学会为自己的婚姻负责，为自己的幸福快乐负责。

在合适你的人还没有出现的时候,不要因为寂寞而选择婚姻;在你已经走入婚姻的时候,要试着理解、迁就对方,不要把婚姻想象得过于美好,毕竟找到一个相爱又合适的人,对如今的青年男女来说很是不易。如果你找到了,就请你好好珍惜。

第 19 课　做才女，更要做财女

1．理性消费

　　随着生活水平的提高，人们的消费水平也不断提升。犹太人的经商哲学中说，女人和小孩的钱是最好赚的。很多家庭中都是由女人来掌管财政大权，她们除了购买生活必需品，还会消费一些奢侈品。花钱可以给女人带来快感，她们在购物的同时得到精神上的愉悦和满足。女人天生爱逛街、爱打扮，无论是衣服、鞋子，还是健身、做 SPA，都能让她们在消费的同时变得快乐。

　　对很多女性来说，在商场里看到琳琅满目的物品，她们总会不由自主地挑选自己并不需要的衣服、皮包或者化妆品，等等。众多商家都深知此理，女性群体好似一个金矿，有开采不完的资源。所以，即使你在商店里说明并不需要一件商品，售货员还是会不遗余力地向你推荐，并且鼓动你去买。如此，一些女性禁受不住售货员的推销攻势，再加上自己永不满足的购物心理，便会一时头脑发热而冲动购买。

这种情况鲁豫也曾经历过,那是她刚到香港的时候。鲁豫也是个极爱逛街的女人,定居香港之后,她总会流连于尖沙咀和太古广场。八月酷暑的一天,身处购物天堂的鲁豫决定犒劳自己一下,她在一间女装店拿起一件短大衣。起初,鲁豫并没有购买的意愿,但在售货员巧舌如簧地推荐和赞美下,最后她还是买了下来。回到家时,鲁豫才发现原本穿小码的她居然买了中码,价钱还是如此的昂贵,这时她才不得不感慨"女人买衣服的时候,神志总不太清醒"。

盲目消费的后果可想而知,在此后鲁豫深知理性消费的重要性,购买不实用的东西只会成为仓底货。那么,如何才能做到理性消费呢?

(1) 按需消费,避免盲从

对于衣、食、住、行等方面的生活必需品,我们要尽可能地按照个人需要购买,对那些已经拥有的物品,切勿再次消费。在购买商品之前,我们要想清楚,是否家中已经有了这类物品。一些女性看到别人都争相购买某类产品,就会盲目地跟从他人购买,而当她们付过钱之后才感到后悔。这就是"神志不清醒"的表现,从众心理会导致一部分人不顾自己的需求而冲动购买,这是十分不理智的行为。

(2) 精打细算,注重效益

在每次消费之前,我们应该先做出预算,把所需要的商品列在清单上，考虑一下大致需要花多少钱。在自己能够承受的范围内购买经济实用的商品，这样既能做到购买的商品物有所值，又避免了非理性消费。如果你突然兴起了购物欲望，那么首先要想想你是否有多余的钱来购买，这件物品使用频率高不高，如果今天不买，过几日是否还会有购物欲望，如果以上都是否定的答案，你就该庆幸省下了一笔不必要的支出。

(3) 量力而行，适度消费

每年一到元旦、春节、国庆等节日，众多商家都会推出一系列的促销活动，吸引顾客的眼球去进行消费，让他们在不知不觉中心甘情愿地花钱。这就是商家的精明之处，他们打着促销、降价的旗号，让顾客深陷在占便宜的喜悦中，无形地购买了许多不必要的商品。一旦顾客的消费劲头消散，就会发现自己早已落入了商家的购物陷阱中。最终买回家的东西很多都是用不上的，丢弃又不舍得，只能摆在某个地方或者压箱底了。如果你在商场大减价或者超市搞活动的时候冷静一点儿，想清楚是否真的需要这些东西，那你就会少花很多冤枉钱。

(4) 控制情绪，避免冲动

很多女性都会因为一些不高兴的事情影响到自己的情绪，比如失恋或者被老板斥责。这时，她们就会通过逛街购物的方式缓解自己的情绪和压力。事实上，女性在购物之后确实会得到满足感，但这并非是个好的解压方式。因为在你大包小包地消费之后会发现信用卡已经透支了，而你又成为了"月光族"，这种感性的消费会给你的生活带来新的压力。不要用购物的欲望来缓解自己的情绪，你可以尝试做些运动或者与朋友倾诉来解决问题，而这些都是不需要花钱的。

（5）拒绝奢侈，崇尚节俭

有些人买东西并不是为了自己使用，而纯粹是为了和他人攀比。比如一些高档的奢侈品，你的使用概率并不大，但当周围的人都拥有时，你就会暗示自己别人有的我也要有，而这违背了勤俭节约的美德。反对奢侈浮华的生活方式，主张节俭朴素的生活方式，这是我们应当学习并且遵守的。在交费时提醒自己这一点，它可以帮助你恢复理智，合理消费。

2. 将兴趣转变为投资

每个人都有自己的兴趣爱好，如果能把兴趣与赚钱联系到一起，那将是一件令人欣喜的事情。有的女人喜爱摄影，那她可以从事摄影工作，或者开一家照相馆；有的女人喜欢烹饪，那她可以开一间餐厅，让更多的人吃到她做的美食。鲁豫就将两者结合得很好，她所从事的工作正是她年少时的梦想。她说："工作不仅仅为了赚钱，

心自芬芳　不将不迎

我很幸运，是把工作和兴趣、谋生结合在一起了。"

鲁豫在上学时就希望能成为主持人，后来她接触到了美国的脱口秀节目《奥普拉脱口秀》，从那时起，做一名出色的主持人便成了她的理想。如今，鲁豫在主持界已经享有盛名，并且随着她知名度的扩大，身价也随之增长，可谓是名利双收。

不仅如此，鲁豫还是一个非常有商业头脑的女人。她凭借自己的才华和文笔出版了她的自传性回忆录《心相约》。除此之外，鲁豫还涉足了很多其他行业，利用自己多年来积攒下来的极高人气、广泛人脉和良好形象投资电影、拍摄广告，这让她的收入来源愈加广泛。

花茶店老板小季的故事也是众多女性理财致富的典范。

小季原本是一家外企的职员，两年前辞去了工作在写字楼里开起了花茶店。小季是一个爱美的都市女孩，平时喜欢喝喝花茶、种些鲜花，享受惬意的生活。后来在朋友的提议下，开了这家店。

小季说很多白领女性都喜欢小资情调的茶吧或者酒吧，在工作之余可以放松精神、缓解压力。而这家花茶店不仅迎合了她们的需求，而且小季喜欢的花茶还具有美容养颜的功效，喝起来沁人心脾，让人十分享受。开业后不久，果然吸引了很多写字楼里的白领，她们或是喝茶聊天，或是小憩休息，小店的生意颇为兴隆。

对于越来越多的金钱，鲁豫却看得很淡然，她曾经笑着说："其实我觉得现在挣的钱已经足够我生活了，其实人即便拥有花不完的钱，每天也只会用那一堆上面的一两张而已，剩下的只不过给你一种安全感，接下来这个数字后面是几个零，完全就是为了与别人比较而存在的了。而且我觉得人活着只会花钱也会很空虚。"

现代社会中有很多女孩热衷于购买名牌服饰、名牌包，开名车，住别墅。她们过分追求金钱，崇拜金钱，时时刻刻都以金钱至上。这就是人们所说的"拜金女"。她们之中很多人外表虽然美丽，但是思想却很平庸。一个有智慧的女人，不仅要会赚钱，更重要的是要有正确的金钱观。俗话说："钱不是万能的，但是没有钱却是万万不能的。"钱财虽然重要，但却不是我们唯一值得追求的。

奥普拉与鲁豫一样，从来不会被金钱所束缚，也不会为了金钱而迷失自己。奥普拉说过，对我来说，成功之路从不是有关财富与名声的。它关系到的是尽善尽美的过程，是全方位自我挑战的勇气⋯⋯我懂得，尽管金钱能为你提供选择，但不能弥补苍白的人生，

心自芬芳　不将不迎

更不能在你的内心创造一丝安宁。

生活中有许多比金钱更加值得我们拥有的东西，任何时候都不能远离生活中的真善美。保持一颗纯净的心，不被铜臭所驱使，不被金钱所奴役，不被世俗所玷污，这样才能永远保持自我，与快乐同行。否则，对金钱的执着和对财富的欲望终究会让我们坠入痛苦的深渊。

金钱能给我们带来快乐，同时也会酿造悲剧。对许多人来说，金钱不管拥有多少，还是觉得不够。这就是被欲望掌控，过于贪婪了。幸福和快乐原本是精神的产物，企图通过钱财的增长来寻找无异于缘木求鱼。我们应该把自己放在生活主人的位置上，让自己成为一个真正的、完善的人。只有一个懂得生活情趣的人，才能让幸福快乐长久地洋溢在心间。

3. 聪明的女人要懂得理性投资

现代社会中的女人不再局限于担当家庭主妇，她们有自己的工作、自己的事业，也有更多可以自由支配的金钱。随着金钱的增多，物质水平自然也会随之提高。因此，很多女性面对昂贵的衣服、化妆品、首饰的诱惑而控制不住自己，久而久之便成了"月光族"。

"月光族"就是指那些每个月都把所赚的钱用光、花光的人，他们没有多余的钱财来进行储蓄或者投资。许多年轻人都被称为"月光族",他们没有攒钱和省钱的意识,挣多少就用多少是他们的主张。但是很多时候,还没到下一次发工资,他们就已经捉襟见肘,靠紧衣缩食来度日了。与其如此,为何不好好经营我们的钱财,即使金钱并不多,利用正确的理财方式也能让我们告别"月光族"的拮据生活。

鲁豫在凤凰卫视是出了名的理财高手。作为主持人的鲁豫除了有一份稳定的收入以外,她还用自己积攒下来的钱投资股票。股票属于风险投资,稍有不慎就会倾家荡产,很多百万富翁就是因为投资失利而宣告破产。鲁豫深知其中的利害关系,所以即使有再多的钱财,她也不会随意购买股票。面对股票的起伏,赚多赚少,鲁豫也是泰然处之。因此,在凤凰卫视的股票涨到快两块钱的时候,她便将手中所持有的股票抛出,成为少数的受益人之一。

我们经常会听到许多明星或者富商都因为挥霍无度、不善理财而家财散尽。而相反的是,如果你用每个月的储蓄来建造一座堡垒,即使将来失业或者家庭遭遇变故也不至于一贫如洗。

美国著名投资商沃伦·巴菲特曾说:"一个人一生能积累多少钱,不是取决于他能够赚多少钱,而是取决于他如何投资理财,人找钱不如钱找钱,要知道让钱为你工作,而不是你为钱工作。"

理财的方式有很多,不同年龄阶段的女性,可以相应选择如下的理财方式。

22～26 岁：初涉职场，不做"月光族"

这一阶段的女性大多还处于单身或准备结婚的阶段，其中很多人没有太多的储蓄观念，她们追求时尚，努力赚钱，潇洒花钱，缺乏有序的投资规划。因此，她们需要开始有攒钱的意识，即使每个月只攒下五百元钱，一年下来也是个不小的数目。在合理消费的基础上，把每个月工资的四分之一存入银行，纳入储蓄计划，一两年之后就会有一笔超乎想象的资金。

另外，这一阶段很多人开始储备结婚基金了。除了定期存款以外，还可以选择按期定额缴款的理财产品，例如风险性基金，定期定额缴费可以组织购买一些不必要的物品。如果经过累积，你已经有了一笔闲钱，那么可以开始进行投资，年轻人有承担较高风险的能力，可以尝试一些高风险、高收益的产品，以便快速累积金钱，为创业做准备。

26～30 岁：组建家庭，谨慎投资

刚刚步入婚姻的女性，随着家庭收入及成员的增加，开始有了新的生活和投资规划。她们不再只考虑个人的喜好，在每一次消费前都要顾及家庭的收支情况。大多数女性开始购房、购车，有孩子的家庭也开始储备子女的教育基金。因此，在定期储蓄的基础上，她们的投资策略也趋于攻守兼备。

这一阶段个人理财逐渐转变为家庭理财，保险等未来保障型产

品是个不错的选择,并且要依照自己的需求分配保单比重。此外,还可以考虑一些收益稳妥、风险较小的基金项目。一般来说,家庭的财产管理还是应该以保险和银行定期存款为主要工具。

30～35岁:初为人母,压力倍增

这时期的女性基本上已经有了自己的孩子,家庭生活成为重要的一部分。在家要照顾孩子、老人和丈夫,在外还要兼顾工作,责任和压力接踵而至。因此这时理财变得尤为重要,在孩子年龄还小的时候,考虑到教育基金的重要性,家庭的现金支出压力会增加,加上买房的压力,抗风险能力会降低。所以,这一时期不宜投资高风险的投资品,主要兼顾流动性与保障性。

40～50岁:生活稳定,安枕无忧

这一阶段的女性,子女已成人并且逐步独立,忙碌了一辈子,投资策略转为保守,为退休养老筹措资金。由于资金刚性支出压力较小,可以相对灵活地进行安排。比如,给自己或家庭成员再购买保险,资金充裕的话可以考虑再购买房产等。但炒股等高风险的投资还是谨慎为好,国债或者货币基金这类低风险的产品更为适宜。

总之,女性理财要依据自身需求,以生活、工作需要为出发点,有的放矢地制订独特的理财计划,不要盲目地进行投资。杨澜说,女孩到了二十几岁,就要开始学会理财了,不要以为自己无法成为

心自芬芳　不将不迎

富翁，就花钱大手大脚的，也不要认为明天有挣不完的钱，而把今天的钱花在不应该花的地方。现在市场上有很多关于理财方面的书，都是不错的，女孩子们有时间可以看一下，要养成理财的好习惯，用钱生钱，可以多看些投资经营方面的书籍，它们都是无形的财富。女孩们，不管现在你的收入有多少，都要为你的明天打算。聪明的女人应该知道如何花钱，如何花钱其实也是一门艺术。从现在开始，学会理财，做个聪明的女人、独立的女人，成为幸福的女人。

第20课 旅行让你与心灵对话

1. 累了就请歇一歇

随着社会生活的演变,古代社会中男主外、女主内的家庭方式已经逐渐减少,取而代之的是越来越多的女性开始外出工作,打拼自己的事业。女性社会角色的多元化,使得她们不光要起早贪黑地做家务、带孩子,还要在职场中努力工作。这就会导致女性的压力不断增大,如果调节不好自己的情绪,很容易会引起家庭矛盾或者导致工作中出现状况。因此,女性如何调节生活压力已经成为了一个不可忽视的问题。如何释放压力,做个乐观开朗、积极向上的现代女性,是很多人不得不面临的考验。

当一个人身心疲惫的时候,他对外界的兴趣会减少,以前所经历过的幸福感和满足感也会随之消失,长此以往他的精神会更加匮乏,这是一种恶性循环,必须要有所改变。所以,你不妨开始拓展自己的兴趣,对工作以外的东西产生兴趣会让你整个人得

心自芬芳　不将不迎

到放松，从堆积如山的工作中逃离出来，你就会体会到生活的乐趣。很多家长在孩子很小的时候，就开始培养他们的爱好和特长，绘画、书法、音乐、舞蹈等让他们的生活丰富多彩。尽管很多孩子长大之后并没有从事有关的工作，但能当作业余的爱好，调节身心也是很好的。

鲁豫从小就很喜欢英语，小小年纪就能说出一口流利的英语，还曾获过北京市英语演讲比赛的一等奖。时至今日，英语已经成了她不可分割的一部分，她曾在某大学演讲时说："我是文科还不错，英语非常好。我的大学五年过得非常愉快，因为我学的是我所喜欢的专业。我相信把你的兴趣和你所学的专业融合在一起，那种快乐是无法言传的。"正如鲁豫所说，当你身处兴趣之中时，快乐自然会随之而来。

虽然现在的女性每天都要周旋于家务琐事和工作辛劳之中，但如果你有兴趣的话，不妨利用闲暇时间学习一项特长，练练书法或者弹弹琴都可以，它能让你紧绷一天的神经得到放松。

> 小梦从小喜欢音乐，喜欢弹钢琴，但由于家庭条件的限制一直没有机会。直到她工作之后，事业蒸蒸日上，生活条件也好了很多，小梦终于可以继续小时候的理想。每天晚上在忙完家务之后，小梦

就开始练习。尽管每天弹琴的时间只有一两个小时，但她从中得到的享受却是多少钱都买不到的。沉浸在音乐中的小梦，忘记了平日里烦闷的工作和琐碎的家务，心情随着乐曲起伏，灵魂随着音符舞动。

音乐除了为我们提供娱乐之外，还兼有修身养性的功用。在调节情绪、平衡心理方面，音乐都有着独特的疗效。如果你感到自己身心疲惫、不堪重负的时候，静下心来倾听一段音乐，或许会对改善你的心情有所帮助。当你心情不佳、情绪急躁时，可以多听一些节奏舒缓、优美的音乐，它会让你的心情变得舒畅，紧张的神经也会得到放松。

在某个宁静的午后，当你感到劳累、厌倦时，泡一壶清茶，捧一卷书册，聆听着天籁之音，置身于大自然的美妙之中，尽情享受着时光。一首动听的乐曲会让你心境开朗，那些流淌的旋律会勾起你的无限遐思。其实，除了音乐，还有很多别的方式也可以调节我们的情绪，下面介绍几种对我们的身心都有极大裨益的减压方式。

（1）最接近自然的方式——旅游

利用周末或者假期的时间，你可以带着家人外出游玩，呼吸一

心自芬芳　不将不迎

下新鲜空气，或者到山顶登高望远。置身于青山绿水中，轻嗅着花草的香气，你的心情也会被美好的风景所吸引和融化，情绪也会在不由自主中得到调节。

（2）最自在舒服的方式——泡温泉

泡温泉的好处众说纷纭，有人说它可以促进身体中的血液循环，活络筋骨，使全身肌肉松弛，减轻压力；也有人说它可以扩张血管，加速新陈代谢，有美容养颜的功效。总之，不管怎样的说法，温泉的好处有很多。在舒适的温泉中，闭上眼睛，抛去一切杂念，尽情享受吧。

（3）最酣畅淋漓的方式——运动

有氧运动能使人全身的肌肉得到放松。通过运动来缓解压力也是个不错的选择，一些缓和的、运动量小的运动，可以使心情平静下来，如有氧操、太极、散步、瑜伽等。一些激烈的运动，比如踢足球、打篮球等能使你大汗淋漓，发泄不良情绪。但运动量一定要适宜，切勿造成精神紧张，否则情绪会波动得更快。

（4）最疯狂刺激的方式——唱歌

去KTV高歌一曲是很多都市青年男女最喜欢的减压方式。约上三五个好友一起唱歌、狂欢是最简单的休闲方式。唱自己喜欢的歌无论好坏都是一种解脱和享受，抒发烦闷心情，身体也会如在云雾间一般轻巧起来。

2. 身体和心灵总有一个在路上

我们每天都在为生活而奔波，各种宴会、饭局、应酬轮番上演，很多人都把时间和精力花在以生计为目的的活动上，从而忽略了自己的身心健康、抑郁、疲劳、精神紧张等因素不安正在慢慢增长。泰戈说过："休息与工作的关系，正如眼睑与眼睛的关系。"

鲁豫也深知休息的重要性，尤其是在超负荷的工作状态下，拥有一个健康的身体是多么重要。在"9·11"事件爆发的时候，鲁豫尽管身患重感冒，但依旧在直播间里坚持播报新闻。等到直播结束后，鲁豫低烧的状况更为严重，还出现了恶心、呕吐的现象。从那之后，鲁豫深刻意识到休息的重要性。在工作不忙碌的时候，她总是尽量给自己放个假，在家休息也好，出外旅游也好，总之，能让身心都得到舒缓和放松就是不错的选择。

奥普拉与鲁豫一样，经常要一个星期安排好几期节目，还要参加记者会和其他会议，这样的生活是非常消耗精力的。所以，她在很早的时候，就意识到了修养身心、静养心神的重要性。她曾经在杂志中写道：我在做记者的时候曾不眠不休、竭尽全力，只为成为团队中优秀的一员。直到自己力不从心，才发现原来自己的精力是有限的，我需要保存它，修养身心。现在我一旦觉得疲惫就撤退。

心目东方　不将不迎

如果身边有接待不完的请求，我就干脆去自己的房间休养生息。

休息一天可以养精蓄锐，缓解压力，为接下来的一周做好充分的准备。在这一天中，你不妨走出室内，去郊外游玩一番，让压抑的身心得到全新的享受。很多人都喜欢旅行，旅行不仅可以放松身心，让疲惫的心灵得到大自然的洗礼，还可以开阔眼界，看到新鲜的事物。"适当的休息是为了走更长远的路"，这句且熟能详的话讲的证是这个道理。"人一定要旅行，尤其是女孩子。一个女孩子见识的很重要，你见得多了，自然就会心胸豁达，视野宽广，会影响到你对很多事情的看法。旅行让人见多识广，对女孩子来说更是如此，它会让自己更有信心，不会在物质世界里迷失方向。"

旅行，不只是身体在前行，而是身心都在路上，都得到了放松。鲁豫喜爱的作家三毛也是用旅行的方式来缓解自己的情绪和内心的。1981年11月，三毛从台北起程，经北美，飞抵墨西哥，开始了为期半年多的中南美洲之行。

第一站是墨西哥，它给三毛留下的印象是"邪气而且美丽"，这里有绚丽的色彩，明媚的阳光和热情四溢的人们。但三毛似乎并不喜欢这种妖艳的美丽，短暂地停留之后，她就启程去了下一站。旅行就是这样，随心而走，随性前往。喜欢的风景不妨多加观赏，不爱的地方尽可以一瞥而过。第二站是有"南美的西藏"之称的玻利维亚，一直以来它都是三毛"神秘的向往"。在这里，三毛感受到了

178

前所未有的宁静和安详、温馨与感动，仿佛与世无争的桃源，让心灵得到了洗涤。接下来，三毛还走过了洪都拉斯、厄瓜多尔和秘鲁等地，每到一个地方都是一次神秘的探险。没有人能预知前路。在一次次的旅行中，三毛都在寻找真切的自我。

而我们不妨学学三毛，利用假期给自己的心灵一次释放的机会。在忙碌的一年中，抽出三五天时间，让自己喘口气，歇息一下。你要知道，高强度的工作或者放纵性的娱乐是在消耗你的身体，因此，强迫自己停下脚步休息一天，是十分有必要的。如果你没有时间外出旅行也没有关系，还有很多种方式可以达到放松身心的目的。例如，在放假期间，你可以和好友一起在闲适的咖啡厅畅所欲言，彼此间给予对方理解和支持，这也是一种很好的宣泄途径，从而达到休息减压的效果。

休息的目的是给予你的身体、精神和心灵一个呼吸、放松和充电的机会。你的身体就像一个机器，如果你天天都全速前进，那么，你对自己就太过残酷了，不论是从生理上，还是从心理上来说，都是有害无益的。自己的人生、自己的生活质量、自己的生活状态是把握在自己手里的。

小贴士：旅行去哪里？

在《鲁豫的礼物》节目中，鲁豫带领嘉宾们去过悉尼、毛里求

心自芬芳　不将不迎

斯、夏威夷和巴黎。这四个地方可以说都是我们梦寐以求的旅游城市。每个人都有旅行的梦想，但却很容易被家庭、事业牵绊。对女人而言，旅游是一件很感性的事情，是一种感情的寄托，也是一种对生活的热爱。无论是阳光海滩，还是茂密丛林，是沙漠绿洲，还是小桥流水，在你迈出家门的那一刻，一切都不再是一个遥远的梦境。下面就为大家介绍几个经典的旅游胜地，还等什么，背上行囊出发吧！

巴黎

这里有圆顶教堂、有凯旋门、有埃菲尔铁塔，每一处都尽显浪漫的法式风情。塞纳河沿岸，景色秀美，优雅别致的公园遍布其中，构成一幅美丽的自然画卷。在古老的塞纳河畔，挽着爱人的手臂漫步，聆听着巴黎圣母院的钟声。岸上灯光闪烁、熠熠如画，河中风清水澄、优雅宁静。

好望角

到南非游览，千万不可错过到非洲尖端好望角参观的机会。距离开普敦约六十千米的好望角，是大西洋和印度洋的交汇处。登上角点，可以眺望到大西洋和印度洋美丽壮阔的景色。气象变化万千，危崖峭壁，卷浪飞溅，令人大开眼界。

威尼斯

水是威尼斯城的灵魂，蜿蜒的河道、流动的清波，水光潋滟，赋予水城不朽的灵秀之气。晨光暮色中，城光水色相得益彰，更加庄严肃穆、诗情画意。懂得欣赏威尼斯水城之美的人，应是在月夜里，招手叫一支"贡多拉"（独具特色的威尼斯尖舟，当地人的代步工具），沿着曲折的水道，在迷蒙夜色中领略这水上古城永恒的魅力。

马尔代夫

阳光、海水、蓝天、绿荫，这些构成了马尔代夫独特的赤道风情。无际的海面上，一个个如花环般的岛屿星罗棋布，犹如天际散落下来的一块块翠玉。赤足走在细细的白沙滩上，感受着迎面而来的海风；游弋于海洋里，触摸着温柔荡漾的海水。忘记时间、忘记工作，尽情地释放自己，享受上帝赐予你的放纵。

第 21 课　在人生中播撒快乐的种子

1. 快乐其实很简单，放下就是幸福

生活中我们会遇到很多烦恼，每个人在人生的不同阶段会有不同的烦恼。上学时我们会为了成绩而烦恼；毕业后会为了找工作而烦恼；结婚后会为了家庭而烦恼……迷茫、无聊、烦闷的情绪好像无时无刻不纠缠着我们。

然而，当我们成长之后，再回想起那个时候所经历的痛苦，便会发现那些回忆无论是悲是喜、是好是坏，都是我们记忆中闪烁的珍宝。即使在我们经历它的时候痛苦万分，在越过之后便是另一片云淡天青。世间有多少人因为放不下而生活在痛苦之中，有些人究其一生都不知道自己的一辈子为何会如此难受，我想那是因为没有放下吧。如果我们能够看得远一点，那么我们就会离幸福近一点。

和普通人一样，作为公众人物的鲁豫也有着自己的烦恼，但是每当她身处逆境之时都能够从容面对，等待机遇的再次光临，从而

获得成功。鲁豫在大学期间曾经参加过一次大型的英语演讲比赛，并且取得了第一名的好成绩。不久之后，一档名叫《空中博览》的电视节目的编导便有意挑选鲁豫为节目的主持人。然而，那时的鲁豫只是一名在校学生，丝毫没有意识到外表的重要性。于是，她不施粉黛、丝毫没有打扮地去见了节目的编导。那位编导看到面前的鲁豫似乎感觉与想象中的大不一样，便失望地摇了摇头。而鲁豫看到编导的表情，一瞬间恍然大悟，她看看自己的样子也觉得确实有些不尽如人意。尽管失去了这次主持的机会，但鲁豫丝毫没有气馁，她知道机遇迟早会再次光临。于是，她开始内外兼修，打造自己最完美的形象，为下一次机会做好充足的准备。

我们有时候太过于执着某件事情或者某个人，一直觉得我们所面对的是人类之中最大的悲痛，但是却忽略了萦绕在我们身边的快乐。放下就是要求我们不要一直执着于最好的，要去关注最合适的。以卵击石的傻事我们怎么会去做呢？所以现在我们的心要平静下来，不要让自己生活在一座寂寞的荒岛，整日唯有孤独相随。要相信彼岸一定花香满地，你在彼岸一定很快乐。放下了，你就会找到自己的那座幸福之城。

学会放下是你对自己负责，也对别人负责；学会放下是因为你会得到更好的选择。你要学会感谢能让你做出放下决定的人，因为你会发现他会让你更坚强，找到更好的自己，会激发起你的斗志，

心自芬芳　不将不迎

让你的生命更加的完整。其实有很多人都在煎熬与放下中徘徊。我们得相信我们能走过那样的阶段，忍受暂时放不下的痛苦。我们要重新站起来面对自己的人生。给自己一点掌声，告诉自己原来我也可以这么优秀。

在经历了辉煌和挫折之后，杨澜这样告诫众人："有些女性因为情感或工作上的挫折而让自己陷入一种不幸的思想中，从而导致她们成为悲观的人，不管做什么事情都有着恐惧、怕输或是觉得自己不会成功的心理。一个人把自己标榜成什么样，她就只能生活在自己给自己设下的心牢里。谁有资格说自己不会成功？谁敢说自己不会成功？想成功的人都是乐观的人，悲观永远都是成功的阻碍，只有积极向上的情操才会让生活变得美好，相信明天一定会比今天好。只要你努力了，社会一定是公平的，不要抱怨生活，否则只能证明你自己没有真正去努力。"

学会快乐地生活，最重要的是要摆正自己的心态。其实每个人都有感情的波动，每个人都会有脆弱和坚强的一面，苦乐全凭自己的判断。每件事情都有正反两面，每个人都有各自的看法，也都有各自的选择。人生在世，不知道会经历多少"酸甜苦辣"，但这一切总是我们生活的"调味瓶"，有了它们我们的人生才会过得有滋有味、多姿多彩。

有些事情是注定的，我们无力去改变，在面对困难时，应该学会以一种乐观的态度去面对。这样，再大的困难在我们眼中也不算什么了。做一个快乐的自己，"不以物喜，不以己悲"，不为某一件事而过分忧愁，也不为某一个人而过分烦恼。

有句话说，快乐和痛苦是相辅相成的。的确，快乐和痛苦不会单独出现，因为它们之间既不能互相包含，又不能互相分离。所以当我们经历痛苦后，快乐便会来到，而经历快乐后的我们只要不得意忘形，也是可以一直快乐的。人们常说"笑一笑，十年少"，这不正好说明了快乐对于我们的作用吗？

做一个开心的女人，一定要聪明，你要知道烦恼和快乐都是自己找的；做一个开心的女人，一定要豁达，你要学会忘却烦恼，笑口常开，好运自然会伴随着你。快乐不需要别人的恩赐，而是你修养的积累，品格的升华。女人的美是由内向外散发出来的，一个满脸愁容、满布皱纹的女人，内心一定也是崎岖不平、沟壑纵横的。

美丽的心情铸就美丽的人生。何不用鲜花铺满前进的旅途，做一个开朗、快乐、阳光的女人呢？

2. 自信，让你更懂得欣赏自己

拥有自信的女人不会畏惧失败，她们用积极的心态面对现实生活中的不幸和挫折；她们用从容的微笑面对迎面而来的冷嘲热讽；

心自芬芳　不将不迎

她们用实际行动维护自己的尊严。这是一种执着而坚定的勇气，美貌可以使人骄傲一时，而自信却可以使人骄傲一生。

现在我们所看到的鲁豫，永远都是那么自信地站在舞台上，似乎她就是这个舞台的主人，舞台上分分秒秒都是她展现才华的时刻。不管是主持两三个人的访谈节目，还是主持一些大型颁奖礼或者会议，那流利的英文、沉着的台风都透着她的自信。就是带着这样的自信，鲁豫一步一步走到了今天的位置。

或许，正是鲁豫骨子里透出来的自信，让她能够无所畏惧地奋力向前，不顾旁人的眼光和非议，成就了自己的事业与梦想。尽管很多人都会说自信是成功的关键，但并非人人都能充满自信地活着。人生之路漫漫无常，总有那么一个时刻，我们会软弱、会无助，无力与自卑抗争，将近在咫尺的成功放弃。

事实上，每个人都会有缺点，这个世界上没有完美无缺的人。当你在为自己没有丰富的学识、美丽的外貌而感到自卑时，殊不知，别人却在羡慕你健康的身体和乐观的性格。即使是位高权重的女王，看似拥有世间的一切，也存在不为人知的缺陷。但对于自信的她来说，并不认为这些缺陷会造成什么影响，也不会为它们而感到自卑。

这正是所有女性都应该学习的，缺陷和不足既然无法改变就不要让它们成为负累。不妨换个角度来看，突出你的优势，弱化你的不足，就像一排很矮小的树丛，中间有棵高耸入云的大树，总是会特别吸引人。当你找到了自身的优势,自然会信心倍增,展现出夺目的一面。

曾经有人这样问过鲁豫:"自信在你的性格中是否占据了非常重要的地位?"鲁豫很淡定地回答道:"我一直是一个非常自信的人,而且我也是一个直觉比较准的人。我一直非常努力,在以往的学习和工作中都付出了相当多的精力,我的自信是建立在这种基础之上的。"

一个充满自信的女人,走到哪里都会光芒四射,如同鲁豫一样。然而,这种自信却并不等同于自负。自信与自负仅仅一步之遥。自信的人身上充满着活力,对自己的能力有一个正确的判断和把握,会根据自己的能力确立目标;而自负的人则往往会过高地估计自己的能力,在竞争中容易轻视对手,从而容易导致失败。自信的女人总能在生活中展现她们的从容气度,为人处事上善解人意、大方得体,不卷入世俗的旋涡中。

成熟的鲁豫正是很多女性向往的目标,自信于自己的形象、自信于自己的婚姻、自信于自己的事业……内与外的平衡和自信,让鲁豫焕发出个性的魅力光彩。

自信是女人最好的装饰品,一个没有信心、没有希望的女人,就算她有如花似玉的容貌,也绝不会有那令人心动的吸引力。在感情上,自信的女人懂得把握自己的命运,绝不会完全依附于男人。

心自芬芳　不将不迎

很多女人将男人视为生命的全部,从而失去了自我。自信的女人是男人的知己,即使结婚成家也不会对丈夫喋喋不休地诉说家庭生活的烦闷。她们会体贴丈夫的心情,在丈夫下班回家后为他斟上一杯热茶、做好丰盛的晚餐,用坦诚而温柔的目光迎接归家的丈夫。明亮的眼神、自信的优雅、从容的谈笑,试问有哪个男人不爱这样的女人呢?

女人可以不温柔、可以不美丽、可以没有金钱,但是不能没有自信。自信的女人胸如大海,能够包容万物。她们在开心地享受生活的同时,又不沉湎其中,清醒地保持着灵魂的明净。她的心像一颗种子,历尽沧海桑田,洞彻世事烟云,依然会顽强地从沙土里开出鲜花。

3. 别让抱怨阻碍你前进的道路

有这样一则故事:

在一场拍卖会上,有一批要被拍卖的脚踏车,每次开拍后第一个叫价的人都是一个小男孩。而这个十岁左右的男孩总是以五块钱出价,然后看着脚踏车被其他人以四十、五十块钱买走。每一次小男孩都很失望，但下一次还是以五块钱叫价。

拍卖会暂停休息时，拍卖员走过来问那个小男孩为什么不出较高的价格来买。男孩说，他只有五块钱。拍卖会又开始了，男孩还是出相同的价钱，然后看着脚踏车被别人用较高的价钱买走。后来聚集的观众开始注意到那个总是首先出价的男孩。

直到最后一刻，拍卖会要结束了。拍卖员问："有谁出价呢？"这时，站在最前面，而几乎已经放弃希望的那个小男孩轻声地又说了一次："五块钱。"拍卖员停止唱价，只是停下来站在那里。

这时，所有在场的人全部盯住这位小男孩，没有人出声，没有人举手，也没有人喊价。直到拍卖员唱价三次后，他大声说："这辆脚踏车卖给这位穿短裤白球鞋的小伙子！"

此话一出，全场鼓掌。小男孩拿出握在手中仅有的已经褶皱的五块钱钞票，买了那辆毫无疑问是世界上最漂亮的脚踏车时，他脸上流露出从未见过的灿烂笑容。

这位小男孩没有抱怨手中的钱太少，没有抱怨拍卖员不近人情。他仍旧执着地对自己的目标不放弃。他那坚定的信念终于帮他获得了他梦寐以求的脚踏车。

还有一则故事中的农夫正好与这个小男孩相反，或许可以给我们一些启示。

有一个年轻的农夫，划着小船，给另一个村子的居民运送自家的农产品。那天的天气酷热难耐，农夫汗流浃背，苦不堪言。他心急火燎地划着小船，希望赶紧完成运送任务，以便在天黑之前能返回家中。突然，农夫发现，前面有一条小船，沿河而下，迎面向自己快速驶来。眼看两只船就要撞上了，但那只船并没有丝毫避让的意思，似乎是有意要撞翻农夫的小船。

"让开，快点让开！你这个白痴！"农夫大声地向对面的船吼叫道，"再不让开你就要撞上我了！"但农夫的吼叫完全没用，尽管农夫手忙脚乱地企图让开水道，但为时已晚，那只船还是重重地撞上了他的船。农夫被激怒了，他厉声斥责道：

"你会不会驾船,这么宽的河面,你竟然撞到了我的船上!"当农夫怒目审视对方小船时,他吃惊地发现,小船上空无一人。听他大呼小叫、厉声斥骂的只是一条挣脱了绳索、顺河漂流的空船。

在多数情况下,当你责难、怒吼的时候,你的听众或许只是一条空船。那个一再惹怒你的人,绝不会因为你的斥责而改变他的航向。

鲁豫初到香港时,也遇到了很多困难,语言问题、住宿问题、工作问题,等等,都让她感到力不从心。然而,鲁豫深知,怨天尤人是毫无意义的,不如用行动来改变现实。于是,为了能更好地与同事们交流,她开始学习粤语;她与许戈辉合租房子,两人之间可以相互照应;她早出晚归努力工作,希望自己能尽快地融入到这个新的环境中。上天是公平的,付出过后总会看到希望,一年之后,鲁豫便在电视台站稳脚跟,在香港这片土地上浇灌出了属于自己的幸福之花。

心理学上认为抱怨是一种消极的心理对抗情绪。抱怨总比行动容易,发牢骚总比工作轻松。无论是生活、工作还是学习,我们总能听到身边有抱怨的声音,以此来发泄心中的不满。同学聚会、同事聚餐、亲朋团聚之时,总有人爱与人攀比,比金钱、比享受、比

心自芬芳　不将不迎

名望，等等。一旦听到自己不如别人时就会郁郁寡欢，抱怨自己运气不佳、愤恨社会不公。

在工作中，有些人缺乏责任感，遇事总会找借口、寻开脱，喜欢把问题往别人身上放，把困难往他人身上推。这样的人本职工作做不好，首先考虑的不是自己的能力和态度有问题，而是埋怨上级不了解情况、同事不配合、工作太繁重……这种心态不仅赢不来身边人的尊重，反而会让身边的朋友对其望而却步，敬而远之，最终变成孤家寡人。

积极向上的人，看问题背后的机遇；消极无为的人，看机遇背后的问题。在信息高速发展的今天，你若退步，别人就会进步；你若颓废，别人就会奋起。用一颗热忱的心去对待发生在你身上的一切，相信所有的不幸都会烟消云散。

第22课 爱，温暖彼此的心

1. 爱心，让世界充满阳光

有人说，有爱心的女人是最美的。善良是女人的天性，无论经历怎么样的风霜，只要你心中常存善念，美丽就永远不会凋谢。

《道德经》中有云："上善若水，水善利万物而不争，处众人之所恶，故几于道。"这就是说，最高境界的善行就像水的品性一样，润泽万物却从不会与之发生矛盾和冲突。而人生之道正是如此，一个人的善念与爱心也要如水一般，与世无争，包容他人，乐善好施，不图回报。

鲁豫就是这样一个心中有爱的女人，她一直低调地进行慈善活动，不张扬、不作秀。2008年5月，汶川大地震发生后，鲁豫代表中华慈善总会前往都江堰慰问灾民，并联合演艺界众多人士一起为灾民发放物资、搭建帐篷。鲁豫亲身体会到地震给灾区人们带来的痛苦和磨难，离开四川之后，她又以个人名义向中华慈善总会捐出

心自芬芳　不将不迎

人民币 15 万元作为赈灾善款。

除了捐款,鲁豫还曾参与主持过多台慈善赈灾节目,向全社会传播奉献精神,传递爱心理念。2008 年 5 月 30 日,鲁豫参加了由中共四川省委宣传部、四川广播电视集团、凤凰卫视、中共成都市委宣传部主办,四川电视台、凤凰卫视中文台和成都电视台承办,新浪网独家网络协办的四川省抗震救灾大型特别节目——《以生命的名义》。在节目中,鲁豫讲述了《爱心传递》的感人故事,在场的观众无不饱含热泪。

在鲁豫主持的"中国全球公益慈善论坛"上,她说了如下的一段开场白:

我们积聚了大量的财富,但同时我们也能非常清楚地感受到、看到、听到贫富之间的差距慢慢变得越来越悬殊,由此产生了很多社会问题。所以我们今天的论坛就是提供这样一个平台,希望能够有跨越一切关于种族、区域的界限,能够在这样一个新的形势之下为全球的公益慈善事业找到新的机遇和挑战。

尽管我们现在物质水平得到了很大的提高,但世界上还有很多人在贫困线上挣扎,很多人因为天灾人祸而饱受痛苦。如果你有能力为慈善事业做出一份贡献,那么何乐而不为呢?

一个没有爱心的人是永远无法体会到帮助他人所获得的幸福感与满足感的。无论他表面上多么开心,其实幸福的源泉却早已枯竭,他那颗冷漠的心绝不可能真正快乐起来。你可以没有金钱、没有家人、没有朋友,但如果连爱心也失去了,人生就会如同一潭死水般让人窒息、绝望。所以,不要让心灵封闭起来。孤独的人只要心中有爱,他仍会感受到幸福的喜悦。

作为公众人物,就应该像鲁豫这样把正确的人生观和价值观传递给观众。莎士比亚说过:"慈悲不是出于勉强,它是像甘露一样从天上降下尘世;它不但给幸福于受施的人,也同样给幸福于施与的人。"做慈善并不能仅凭个人喜好一时兴起,它应该成为我们根深蒂固的理念。而对于我们每个人来说,即使我们没有像鲁豫那样的能力,也可以尽自己所能为慈善事业出一份力,哪怕是为山区的小朋友捐献一本书、一件衣服或者一块钱。

壹基金创始人李连杰先生曾经说过:"在生命过程里拥有的一切并不是真实的拥有,只是暂时的保护,你将会传递给下一代,会把它传递出去,带不来也带不走,但人类仍然有一颗共同的、美丽的、金子一样无价的爱心。"这就是爱心最可贵的地方,世间的爱是永恒的,即使我们的身体陨灭了,但爱心依旧会流传给后世。如果你心

心自芬芳　不将不迎

里有别人，总能设身处地地为他人着想，有爱地奉献，那么得到的将是内心的充实。

人之初，性本善。没有爱就没有一切，高尚的人格、博大的胸怀、美丽的心灵，这些都源于一个爱字。愿意为他人、为社会付出真情和爱的人，是最幸福的，因为幸福总是偏爱那些热爱生活而乐于奉献的善良的人们。

爱心是无国界的，慈善更没有大小之分。真正的慈善不是用金钱来衡量的，那种割舍不断的人间真情才是慈善的要义所在。慈善也没有对错之分，有的人默默地做着自己的贡献，低调地向他人传递温暖；有的人则是公开宣扬慈善，高调地鼓励大家献爱心。用什么方式并不重要，重要的是起到了何种作用。慈善没有标尺，也没有砝码，不要把捐款当作攀比、炫耀的武器，那就是对慈善最大的尊重。

2. 心存善念，感恩社会

心怀感恩其实很简单，在工作一天之后，对你的同伴说声"感谢"，感谢他们与你共度了辛劳的一天。生活中，只要你肯花些心思，就会体会到感恩为你带来的快乐和幸福。例如，在结婚之后，丈夫带着妻子到电影院看一场电影，或者送给妻子一束玫瑰花，甚至只是每天早晨倒一次垃圾，他都希望妻子能够回应，听到她的道谢。如果他所做的每件事情，妻子都视为理所当然而不表示感谢，那么丈夫很快就会停止取悦他的妻子了；相反，懂得感恩的妻子只是微笑着表示感谢，这就会使丈夫得到巨大的满足，觉得他的付出得到了回报。长此以往，夫妻间的关系就会更加融洽、更加和睦。

我们之中有些人，并不知道他人每天为我们做了多少服务，这是因为我们习惯于让别人为我们做这些事情。我曾经认为我的朋友没帮过我什么忙。然而，有一年夏天他到欧洲去了，我才很惊讶地发现，他每天都为我做了许许多多的小事。他在我失意的时候给我安慰；在我成功的时候陪我庆贺，而我却没有向他说过一声"谢谢"——现在我必须自己动手去做那些事了。

因此，懂得感激对人的身心是有益的，是值得提倡的，这也是鲁豫所认同的做法。正如沃特斯所说："没有感激之心，你就难以远离不顺心的事情。"你若能学会心怀感激，就会减少很多愤怒，只有心怀感激，才能真正快乐起来；若你心怀怨恨，生活中自然只有沉郁和悲伤。请相信：感恩的心将会为你开创快乐的奇迹。

鲁豫在一期采访郑渊洁、郑亚旗父子的节目中感慨颇深，对郑渊洁从小就给儿子灌输"博爱"这个观念十分认同。在汶川发生地震之后，郑亚旗得知很多学校被毁，很多孩子受伤时，对父亲说："你要捐钱。最近有六本书要重印了，几十万的稿费就捐了

心自芬芳　不将不迎

吧。"郑渊洁听后很感动,这样充满爱心的举动与自己对儿子多年的教育不无关系。郑渊洁认为,现在很多父母其实都是在溺爱孩子。但是如果连家里的爷爷奶奶、姥姥姥爷也一起溺爱,那就不是溺爱了。光对一个人好,孩子就会被宠坏,对所有人都好,就是教给他博爱。

郑渊洁还透露,在他捐完钱以后有种很奇怪的感觉。他说:"其实我写作这么多年,一直在追求一个东西,就是我要活得幸福。但这种幸福感从来没有出现过,我通过努力让这个家变得越来越好,有过成就感和快乐感,但从没有过幸福感。但是捐完钱以后,幸福感就来了。我要告诉大家一个秘诀,幸福感不用奋斗,幸福感只有通过帮助别人才能获得。"

世间万物因爱而生,因爱而永恒。爱无自私,于他人爱,于万物爱,才是世间永恒的大爱。我们成长的每一步,都离不开许多人的帮助与支持。当我们有能力、有金钱来帮助他人时,就应该努力去回馈这个社会的宽厚仁爱,并且让其他人也感受到这份仁爱之心。

世界首富比尔·盖茨也是一位热衷于慈善事业的爱心人士。他和夫人梅琳达共同成立的盖茨梅琳达基金会每年向全球医疗和教育等项目捐赠数十亿美元。沃伦·巴菲特是世界财富仅次于比尔·盖茨的70多岁的犹太职业投资家,他将自己公司大约87%的约300亿美元的股份捐赠给社会,让盖茨基金会来管理他捐赠的资产,以此来回报社会。

感恩从来不需要冠冕堂皇的装饰，其实不论你的财富有多少，都可以尽自己的力量回报社会。有首歌唱得好：只要人人都献出一点爱，世界将变成美好的人间。

3. 播撒善良的种子，让幸福溢满人间

2011年9月，鲁豫出席了由刘岩文艺专项基金与某杂志合作举办的"天使的微笑"孤儿慈善摄影展。

此次影展上，展出了很多孩子们的微笑照片。看着这一张张天真无邪的笑脸，它们是如此干净、如此纯粹，没有丝毫杂质，鲁豫心中也颇有感慨。她说道，孤儿的脸上都绽放微笑，我们有什么理由不笑？慈善与其说是帮助别人，不如说是从他们身上获得力量！

正是这些笑容的力量，让我们有勇气面对生活的艰辛，为了这些美好的心灵，让我们播撒更多的爱心与善良，让幸福充满人间。而正像鲁豫所说的，在做慈善的同时，我们也从中收获了爱与希望，收获到了快乐的人生。

2015年1月，鲁豫受"太和观一心一德为善乐慈善晚会"主办方邀请，远赴新加坡担任晚会的主持人，为慈善发声。鲁豫声情并茂的主持，使整场晚会充满了感动与温馨。观众们纷纷献出自己的

心自芬芳　不将不迎

一份爱心，捐款数量不断攀升，而这些善款将会用到很多个慈善项目，帮助更多需要帮助的人。

鲁豫作为华人世界知名的主持人，一直怀有一颗感恩之心，多年来身体力行地践行公益，为慈善事业尽一己之力。她曾担任中华慈善总会"慈善大使"，数十次参与"芭莎明星慈善夜"，在2008年汶川地震后深入震区，探访灾民……对于这一次次的慈善举动，鲁豫表示自己很开心能够为慈善贡献力量，帮助别人是一件非常快乐的事情，希望有更多的人加入到慈善的队伍，传递正能量。

世界上最美丽的是什么？最让人愉悦的感觉是什么？善良的最高境界是什么？特蕾莎修女的《人生十大戒律》会告诉你答案。

（1）人都是毫无逻辑、不讲道理、以自我为中心的。但还是要爱他们。

（2）你如果行善事，人们会说你必定是出于自私的隐秘动机，但还是要行善事。

（3）你如果成功，得到的会是假朋友和真敌人。但还是要成功。

（4）你今天所行的善事，明天就会被人忘记。但还是要行善事。

（5）坦诚待人使你容易受伤害。但还是要坦诚待人。

（6）思想最博大的最大的人，可能会被头脑最狭隘的最小的人击倒。但还是要志存高远。

（7）人们喜欢无名小卒，却只追随大人物。但还是要为几个无名小卒而斗争。

（8）你穷数年之功建立起来的东西可能在一夜之间就被毁掉，但还是要建设。

（9）人们的确需要帮助，但当你真的帮助他们的时候，他们可能会攻击你。但还是要帮助他人。

（10）当你把最宝贵的东西献给世界时，你会被反咬一口。但还是要把最宝贵的东西献给世界。

"我们都不是伟大的人，但我们可以用伟大的爱，来做生活中的每一件最平凡的事情。"这就是特蕾莎修女终生的信仰，用爱来温暖被社会抛弃、被痛苦埋葬的人们。

当特蕾莎修女从水沟里抱起被蛆吃掉一条腿的乞丐，当她把额头贴在濒死的病人的脸上，当她从狗的嘴里抢下哇哇啼哭的婴儿……谁能不为她的行为所感动？

善良是女人的一种内在修养，真正令人动容的魅力不在于外表而在于内心。对帮助我们的人心怀感恩之心，对弱势群体有着发自

心自芬芳　不将不迎

内心的关爱和体恤，对伤害过我们的人能够包容和宽恕，这就是善良。以善良之心对待生活，才能体会到幸福的真谛。

真正的爱心不是突如其来的，而是经年累月、一点一滴渗透到生活中去的。爱心的意义远远不是捐多少钱、送多少食物就能表达的，它超越了种族、超越了阶级、超越了国界。从鲁豫和特蕾莎修女身上我们看到了人性的光辉和仁慈的力量。她们把帮助别人当成了一生的事业，这份仁爱精神将会传递到世界各地，让更多的人加入到慈善的队伍中来。

一个人的能力有大小，但只要心中的善念长存，我们的爱心就会超越一切苦难的悲伤，用同情和怜悯将爱心无限放大，让世界各地的人们感受到爱的力量。

第23课　保持灵魂的那一抹芳香

1. 卸下包袱，轻松面对酸甜苦辣

生活中，我们总会遇到很多不如意的地方，有的人会因为微不足道的小事而乱发脾气、宣泄不满；有的人则会在面临困难和窘境时唉声叹气、不知所措……他们在问题面前怨天尤人，没有淡定平和的心态，缺乏战胜困难的智慧，只知道抱怨命运的不公，这正是人们常说的"人生最大的敌人不是别人，而是自己"。

荧屏上的鲁豫总是给人以平和、睿智的形象，而生活中的她也是这样一个从容、淡定的女人，似乎无论是多大的事也无法干扰到她。在凤凰卫视期间，鲁豫的工作十分繁重、压力也很大，经常是一个人当两个用，但她却从未因此而抱怨。1998年，鲁豫开始主持《凤凰早班车》节目。这档节目在每天早晨七点多播出，而鲁豫则要在凌晨四点钟起床、洗脸、刷牙，连早饭都顾不得吃就要赶往公司准备。根据工作的需要，鲁豫要在直播之前先熟悉当天香港十

心自芬芳　不将不迎

几份早报的重要新闻，有条不紊地记在脑子里，才能准确无误地为大家讲解。

这项工作说起来容易，做起来却很难。首先，能做到每天凌晨四点钟起床的人就是屈指可数，而鲁豫却坚持下来了。其次，要在两个多小时里记住十几份报纸的重要内容也不是易如反掌之事。值得我们敬佩的是，鲁豫做到了，尽管工作的任务艰巨、条件艰辛，但鲁豫却毫无怨言，一如既往地坚持了下去。如果换作其他人，可能早就已经犹豫、退缩了。他们会抱怨在别人还沉浸梦乡的时候，自己却要带着困倦、迎着黑暗去工作，这是多么不公平呀！然而，你要知道，在愤怒和郁闷的情绪中，只会让事情变得越来越糟，把解决问题的机会再次错过。只要你用一颗热忱的心去对待发生在你身上的一切，相信所有的不幸都会烟消云散，你的付出会有回报，最终会收获快乐与幸福。

现实生活中有太多的欲望充斥着人们的神经，太多的悲欢刺激着情绪，久而久之，很多人在情感、事业与家庭面前迷失了自己。每天废寝忘食地工作，行色匆匆地在城市中游走，从不曾停下脚步欣赏一下身边的人物与风景。你可能有了妻子和子女、有了金钱和地位，但你却再也感受不到开心与快乐。生活似乎已经变得麻木，而我们依旧茫然无知地前行，没有灵魂的躯体已成为了生活的奴隶。你是否想过要改变现状，做回曾经那个知足常乐的自己呢？那么，从现在开始你要学会控制你的情绪，调整你的心态，不要被生活奴役和逼迫，要做生活的主人。

在你生气或者悲伤的时候，如何控制情绪，下面的方法不妨试一试。

(1) 理性控制，自我调节

"如果要让一个人灭亡，就必先使其疯狂。"在与别人争吵前，你要先想一想这样做是否能解决问题，答案一定是否定的。用理性来控制你即将爆发的情绪是最好不过的。在吵架前，先把舌头在嘴巴中转几圈，克制住你与人争吵的欲望，使激怒的情绪冷静下来。我们经常说，"忍"字头上一把刀，而这把刀正是你的理智。主动控制自己的情绪，不要让冲动占据你的思想。

(2) 适当合理地发泄情绪

在合适的场合，用适当的方式，来排解心中的不良情绪。比如，你可以在极度悲伤时选择大哭一场，它可以发泄你的痛苦和烦恼，减轻负面情绪的负担。或者是在遇到困难时向好友倾诉，找他人倾诉烦恼、诉说苦衷，不仅可以让你的心情感到舒畅，而且还能得到别人的安慰，甚至可以找到解决问题的方法。此外，运动也是一个宣泄的好方法。把压抑自己的情绪通过流汗、喊叫表达出来，可以让你的注意力转移，不良情绪也会随之消散了。

心自芬芳　不将不迎

(3) 修炼宽容大度的心态

人们常说"宰相肚里能撑船",有气度的人走到哪里都会受人尊敬,而心胸狭窄的人则常常是孤家寡人。很多女性都摆脱不了与人攀比、炫耀自己的心态,而这只会增加你的虚荣心,让你的气量变得狭小。因此,提高你的涵养,消除郁郁寡欢的心态,排除私心杂念就显得尤为重要。对生活中令你不满的事情,要保持乐观开朗、幽默旷达的态度去应对,经得起挫折的考验,才能迎来幸福的曙光。

我们何不学学鲁豫,努力修炼自己的心态,抛开生活中的狂乱与喧闹,自有幸福安宁在彼岸等着你。如果你事事都以平常心对待,以平和的心做人、做事,那你就会发现自己慢慢拥有了一个全新的自我,一种全新的生活状态。生活没有十全十美的,在遗憾和抱怨之前,不妨先静下心来调整自己的情绪,多一些理解,少一些愤怒,幸福自然会从天而降将你包围。

2. 淡定从容的女人到哪儿都受欢迎

荧屏中的鲁豫,总让人感觉到亲切、温和,观众可以从她每一次的笑容、每一句的话语中体会女性的从容。无论面前坐着的是怎样严肃、不苟言笑的嘉宾,鲁豫都能在言谈话语间让对方敞开心扉,变得柔软温和起来。正是鲁豫的这一份从容，让她在面对各个阶层、各种身份的嘉宾时，都能游刃有余地谈笑自如。不仅是在工作中，在爱情和婚姻面前，鲁豫也是一个懂得宽容和忍耐的女人。

面对任何不幸都要保持你的本性，不要因为遭遇一些意外而惊慌失措，失去你的本色。鲁豫的第一段婚姻是以分手告终的，繁忙的工作让俩人的感情转淡，当有一天发现彼此之间已经没有当初的感觉时，他们选择了放手。鲁豫深知，感情的终结有很多原因，无关对错，与其埋怨对方，不如用宽容的心态迎接以后的新生活。

有这样一则故事，充分显示了从容的境界。

某公司要进行裁员，行政部的汉娜和米歇尔均在裁员名单之内，要求她们一个月之后离岗。在得知结果后，汉娜和米歇尔都感到十分委屈。她们自认为平时的工作很勤奋，没有任何疏忽，不明白为什么会被裁员。

第二天上班，汉娜的情绪仍然很激动，就像一座将要爆发的火山，她跟谁说话都是怒气冲冲的。尽管汉娜心里明白，裁员名单是公司决定的，跟其他的同事没有关系，但她就是感到窝火，心里不痛快总想找人发泄。

心自芬芳　不将不迎

过了几天，汉娜的怒火不但丝毫未消，还愈加旺盛。除了同事以外，桌子、椅子、文件等用品都成了她的发泄桶。大家经常听到汉娜的抱怨和叹气，还有"咚咚咚"的摔东西的声音。"为什么被裁掉的是我？我干得好好的，又没有犯错……""一定是有人在背后说我的坏话，要不然我怎么会被解雇……"每当感到悲愤之时，汉娜就会找同事哭诉，工作也愈加懈怠了。时间一长，办公室里传送文件、收发信件、打印资料等原来属于汉娜做的工作，都无人问津了。

半个月后，汉娜眼看离职的日子就要到了，更加着急起来，她鼓动一些同事去老板那里说情，希望能改变裁员的决定。但事与愿违，老板的态度丝毫没有动摇，而去说情的同事反而受了一顿训斥。这次汉娜真的无计可施了，她愤愤地用异样的眼光看着周围的人，仿佛有谁在背后搞她的鬼，许多人开始怕她，厌烦她整日抱怨的声音。

汉娜原来很讨人喜欢，但后来，人还没有离开公司，大家却有点讨厌她了。

米歇尔是个勤奋、踏实的姑娘，同事也很喜欢她。作为办公室的文员,他们早已习惯了这样对她说:"米歇尔,把资料复印一下,快点儿!""米歇尔,快把这个文件传出去,一会儿开会要用。"米歇尔总是连声应答,手指像她的舌头一样灵巧。

裁员名单公布后,米歇尔哭了一个晚上,第二天上班也无精打采的,可打开电脑,拉开键盘,她就和以往一样开始工作了。米歇尔见大伙不好意思再吩咐她做什么,便主动跟大家打招呼,她说:"是福跑不了,是祸躲不了,反正已经这样了,不如干好最后一个月,以后想干恐怕都没机会了。"几天之后,米歇尔的心情渐渐平静了,仍然勤快地打字复印,随叫随到,像往常一样坚守在自己的岗位上。

一个月的期限已到,汉娜如期下岗,而米歇尔却被从裁员名单中删除,留了下来。主任当众传达了老板的话,说:"米歇尔的岗位,谁也无法替代,像米歇尔这样的员工,公司永远不会嫌多。"

杨澜在《给二十几岁女孩子的忠告》中说,女孩到了二十几岁后,就要慢慢地学会忍耐与宽容了,社会并不是一个任性的地方,

心自芬芳　不将不迎

那些大小姐的脾气要慢慢地收敛了，因为可能有些时候就因为你的计较会让你失去自尊，成为被人指责的没有教养的女人。给那些不友好的人善意的微笑，既能够让对方无地自容，也能够给别人留下大度且善解人意的好印象。忍耐并不是懦弱，也不是伤自尊，而是宽容美。请放下"理直气壮"的坏脾气，在适当的时候让一步，不仅可以体现出你的涵养，而且还会让你成为受人欢迎的女孩。

的确，在生活中我们一定会遇到很多不公平的事情，也会遇到很多让你无法接受的人。我们无权让每个人都喜欢我们，也不能改变任何人的意志。因此，与其愤怒地大声指责别人的行为，不如怀着理解、宽容的心态给对方一个微笑，相信任何人都不愿去伤害一个善良的人。

美国哲学家威廉·詹姆斯曾经说过："我们所谓的灾难很大程度上完全归结于人们对现象采取的态度，受害者的内在态度只要从抱怨转为奋斗，坏事就往往会变成令人鼓舞的好事。在我们尝试过避免灾难而未成功时，如果我们同意面对灾难，乐观地忍受它，它的毒刺也往往会脱落，变成一株美丽的花。"

在面临困境的时候，我们不要抱怨命运的不公，这只会让你的内心更加痛苦不堪，而问题依旧存在。其实上苍是很公平的，它让我们在平凡的生活中坚持磨砺自己的意志和品格，进退舍得都以平常的心态对待，这是人生的一个境界。

如果生活成全了你,那么我们务必心怀感激。即使你经历了很多磨难,也不必遗憾,苦难和打击只会把你打磨得更加灿烂夺目,让你在今后的生活中活得更加坦然。一个人,无论经受了多少打击,也不管经历了多少苦难,只要他能摆正自己的心态,便能在绝望中寻找到希望,萌生出新的生机,即使是在最恶劣的环境中也能绽放出鲜艳的花朵。

第24课　每个人都能够预约幸福

1. 找到属于自己的幸福

事业上的成功和生活中的圆满是鲁豫幸福的源泉。而这两者能够兼顾的知识女性，也经常会被整个社会艳羡和追捧。很多女性都希望能够像鲁豫一样随性、洒脱地生活，认为这才是她们想要的幸福人生。

然而对于幸福的定义，每个人的答案或许都不一样。在寒冷的冬天，一根火柴的温暖就是幸福；对饥饿的孩子来说，一口馒头、一碗热汤就是幸福。幸福是一种感觉，它不取决于人们的生活状态，而取决于人们的心态。人类之所以感到幸福，是由于心灵的满足和精神的丰硕。俄国作家屠格涅夫曾经说过："幸福没有明天，也没有昨天，它不怀念过去，也不向往未来，它只有现在。"

在很多人看来，幸福离他们似乎很遥远，他们整日身处在烦闷的生活中，不是哀叹失去的曾经，就是对未来不可预计的事情感到心慌意乱。这样的生活是永远无法感觉到快乐的。其实，幸福无关大小，每个人都能找到属于自己的幸福。只要这种幸福无碍他人、愉悦自己，都值得我们珍惜。

曾经有一位健康的男子因为意外失去了双腿，当他的家人都沉浸在悲痛中，替他惋惜的时候，这名男子却表现得极其平静。此后，他把全部时间都用来创作，在以后的漫长人生中，他创作了一部关于玫瑰花枯萎病的专著，长达五卷。当别人都以同情、不幸的眼光看待他时，他却用行动告诉世人，活着就是一种幸福，不沉湎于昨日的悲痛，认真过好每个今天。

每个人都有自己喜欢的事情，如果你对一件事情感兴趣，那么就算每天不以它为中心，还是会在闲暇时光拥有一种满足，这就足够消除你的空虚感了。有一位猎人，他一年四季都在狩猎野兔。照他所说，这些兔子阴险狡诈、诡计多端，要想和它们一较高下，必须具有高智商的头脑才可以。他天天都在忙活着和兔子较量，为了抓住它们，他每天要骑车穿过十六英里[1]的山路，但是他的快乐恰恰也来自这些兔子们。他现在已经七十多岁了，但是依然身手矫健、充满活力。

一个幸福的人不是拥有得多，而是计较得少。很多人觉得自己

---

[1] 1英里约为1.6千米。

心自芬芳　不将不迎

不幸福，正是由于他们不满足于已经拥有的，而总去奢望得不到的。懂得发现和寻找，拥有博大的胸襟和风度，你一定会找到幸福的种子。

每个人所处的环境和状态都不尽相同，但获取幸福的途径却是共通的。生活中福祸相依、喜忧参半，学业上、仕途中、工作上总会有所起伏，很少能够一帆风顺。但是只要你能够处世从容，知足常乐，积极努力地发掘生活中美好的一面，幸福就会接踵而至。幸福其实就在你我眼前、在时空的分秒间，只看你能否抓住它。

一对青年男女步入了婚姻的殿堂，当爱情的甜蜜和激情退去之后，他们不得不开始面对日益艰难的生活。妻子整天为缺少金钱而闷闷不乐，甚至与丈夫大吵大闹。妻子认为他们需要很多的钱生活才能安稳，10万、20万，最好有100万。可是现实中的他们只能维持最基本的日常开支。但丈夫却不这么认为，他是个很乐观的人，他不断寻找机会开导妻子。

有一天，他们去医院看望一位朋友。朋友说："我的病都是累出来的，常常为了挣钱不吃饭、不睡觉。"回到家里，丈夫就问妻子："假如给你钱，但同时让你跟他一样躺在医院,你愿意吗?"妻子想了想,说:"不愿意。"

过了几天,他们去郊外散步,经过一栋漂亮的别墅。从别墅里走出来一对白发苍苍的老夫妻。丈夫又问妻子:"假如现在就让你住上这样的别墅,同时变得跟他们一样老,你愿不愿意?"妻子不假思索地回答:"我才不愿意呢。"丈夫笑了笑,道:"这就对了,你看,我们原来是富有的。我们拥有生命、拥有青春和健康,这些财富已经超过100万,我们还有靠劳动创造财富的双手,你还愁什么?"妻子把丈夫的话细细地咀嚼品味了一番,也变得快乐起来。

对于一个幸福的人来说,让别人感到极为懊恼和沮丧的事情,在他这里反而成了快乐的来源。很多时候,幸福其实很简单,温柔的言语、闪烁的星光、清凉的微风,世间的一花一草都能让人嗅到幸福的味道。别人不屑一顾的东西,于他而言却是珍宝。他幸福,所以会把幸福传递给别人,而这反过来又会让他更加幸福。在生活中,如果人们都能够彼此相互喜欢,学会相互包容,自然而真切地流露情感,不苛求别人、不嫉妒他人,如此便能收获幸福。

心自芬芳　不将不迎

2. 幸福在当下

　　拥有幸福的人有一个共同点，他们不沉湎于自己的过去，不论过去是辉煌还是困窘、是喜悦还是忧伤。只有敢于接受过去的自己，才能迎接更加美好的未来。我们无法去预知未来的人生，又何必对于过去耿耿于怀，重要的是活在现在，因为幸福在当下。

　　英国前首相劳合·乔治有一个习惯——出门之后，一定会随手关上身后的门。

　　有一天，乔治和朋友在院子里散步，他们每经过一扇门，乔治就会随手把门关上。朋友看到他的举动很是奇怪，便问他道："你为什么要把这些门都关上，这有必要吗？"

　　乔治微笑着说："当然有这个必要，我的朋友。你知道吗，我的一生都在关我身后的门，这对我来说很重要。当你关门时，就意味着你将你过去的一切都留在了门后，光辉灿烂的成就也好，令人懊悔的错误也好，都成为了过去，然后，你就可以重新开始新的生活，不必去纠结以往的经历。"

他的朋友听后恍然大悟，随即陷入了沉思。乔治之所以能有今天的成就，与他这种敢于"遗忘"过去的精神是分不开的，正因如此，他才能一步一步走上了英国首相的位置。

要想成为一个幸福而成功的人，最重要的一点就是记得"随手关上身后的门"，学会将过去的错误、失误通通忘记，一直勇往直前地向前走。身后的那扇门，隔着昨天和今天，隔着失望与希望，隔着失败与成功。

从昨天的风雨中走来，我们需要总结昨天的失误，但我们不能对过去的失误和不愉快耿耿于怀，伤感也罢，悔恨也罢，都不能改变过去，在你跨过那道门槛关上门的一刹那，昨天已被封存而今天将被开启。正如富兰克林所说："今天乃是我们唯一可以生存的时间。我们不要庸人自扰，或为未来的漫无目的而苦闷，或为昨天的过去而伤怀，而使它成了我们身体上和精神上的地狱。"

有这样一则耐人寻味的故事。

一位游人在海边散步，走到码头边上时，他看见了一艘停泊的小船，船上还有几条大鱼。这位游人看到肥美的大鱼不禁感叹，于是问渔夫："捕获

心自芬芳　不将不迎

这样大的鱼需要多长时间呀？"

渔夫回答："只需要一会儿的工夫。"

游人不解地问道："为什么你不多花一点儿时间，捕到更多的鱼？"

渔夫说："这些鱼已足够家庭所需了。"

游人问："那你其他时间做什么呢？"

渔夫说："我每天睡到很晚，上午钓钓鱼，陪孩子玩玩，然后睡个午觉，每晚到村里喝点酒，跟朋友们弹弹吉他、唱唱歌，每天都过得很充实。"

游人却颇为不屑，语带嘲弄地说道："我是哈佛的管理硕士，可以帮助你。你应该花更多的时间捕鱼，接着买艘大一点儿的船，等你有了更多的钱可以再买几艘船，最后拥有一个捕鱼船队。然后，你就不用再卖鱼给中间商，可以直接把鱼卖给加工厂。到最后，拥有自己的罐头工厂，从产品加工到营销，完全自己掌控。而你的生活水平也会随之提高，你可以搬离这个沿海的小村庄，到城市里居住，在那里扩张你的事业。"

渔夫说："那要花多长时间？"

游人说："大概要十五到二十年吧。"

渔夫又问:"然后呢?"

游人笑着说:"接着就是最棒的了。如果时机好,你可以宣布股票上市,到时候你就成为富翁了。"

渔夫再问:"成为富翁然后呢?"

游人说:"然后你就可以退休了。搬到一个小渔村,你可以睡到很晚,钓钓鱼,跟孩子们玩一玩,每晚到村里溜达喝点酒,跟朋友们玩玩吉他。"

听到这里,渔夫洒然一笑:"先生,如果是这样,为什么要绕那么大一个圈子呢,我现在不正过着你设想中的生活吗?"

是呀,按照游人所铺设的人生轨道走下去,苦苦奋斗几十年所能得到的,还不是当下已经拥有的生活?但是,多少人却看不透这一点,与他们相比,渔夫是如此睿智。无论你赚了多少钱,经历了怎样跌宕的人生,追逐着名利的脚步前行,总是以为自己所追求的幸福在更远的地方。可当你回首时才发现,原来真正的幸福恰恰就在原来出发的地方。等到你意识到的时候,生命留给你享受幸福的时间,已经太少太少。所以,不妨学学渔夫吧,享受当下的幸福,从每一个最平常的日子中,品尝幸福的滋味。

Happiness